Elektrische Energieerzeugung

Von Dipl.-Ing. Jürgen D. Pinske
Professor an der Fachhochschule München

2., vollständig überarbeitete und erweiterte Auflage
Mit 88 Bildern, 7 Tafeln und 8 Beispielen

Springer Fachmedien Wiesbaden GmbH 1993

Die Deutsche Bibliothek – CIP-Einheitsaufnahme

Pinske, Jürgen D.:
Elektrische Energieerzeugung / von Jürgen D. Pinske. –
2., vollständig überarb. und erw. Aufl. – Stuttgart : Teubner, 1993

ISBN 978-3-519-06170-0 ISBN 978-3-663-12078-0 (eBook)
DOI 10.1007/978-3-663-12078-0

Vorwort

Die Versorgung der ständig zunehmenden Weltbevölkerung mit Energie wird immer mehr zu einem der bedeutsamen Probleme unserer Zeit. Unter den in Frage kommenden Energiearten nimmt die elektrische Energie wegen ihrer guten Anwendbarkeit in den verschiedenen Verbrauchsbereichen einen wichtigen Platz ein. Sie muß aber aus anderen Energieträgern erzeugt werden. Mit dieser Energieumwandlung und den dabei auftretenden energetischen und technischen Fragen aus der Sicht des Elektrotechnikers beschäftigt sich das vorliegende Skriptum.

Verluste und Wirkungsgrade sind wichtige Aspekte bei allen behandelten Energieumwandlungsprozessen. Eng damit verbunden ist die Wirtschaftlichkeit der Stromerzeugung, weswegen einige Grundlagen der Elektrizitätswirtschaft vorangestellt werden. Der eigentliche Stromerzeuger - der Synchrongenerator - wird als elektrische Maschine andernorts ausgiebig behandelt, daher werden hier nur die Ausführungsarten und einige in der Praxis wichtige Themen der Generatorperipherie angesprochen, wie Spannungs- und Leistungsregelung, Kühlung, Schutz. Weitere Abschnitte behandeln die verschiedenen Möglichkeiten der Stromerzeugung in Wärme- und Wasserkraftwerken.

Da die Vorräte der in Wärmekraftwerken hauptsächlich eingesetzten fossilen Brennstoffe begrenzt sind, und man daher in näherer oder fernerer Zukunft auf andere Energieträger wird ausweichen müssen, wird auch auf die Nutzungsmöglichkeiten der regenerativen, also erneuerbaren Energiequellen eingegangen. Die dafür anwendbaren Konzepte sind meist großtechnisch noch nicht erprobt, Aussagen über die anlagentechnische Verwirklichung können deswegen nur vorläufigen Charakter haben. Voraussetzung für jede Anwendung derartiger neuer Verfahren in großem Maßstab ist die Abschätzung der Größenordnung des jeweils zur Verfügung stehenden Leistungs- bzw. Energiepotentials, das gerade bei regenerativen Energiequellen erhebliche Unterschiede aufweist. Zwar ist die Nutzung solcher unerschöpflicher Energieressourcen zur Zeit noch unwirtschaftlich. In Zukunft kann sich dies jedoch schnell ändern. Die Kenntnis über Möglichkeiten und Grenzen der Nutzung regenerativer Energiequellen sollte daher zum Rüstzeug eines jeden Ingenieurs gehören, der sich mit Energiefragen beschäftigt. Dies gilt auch für die Thematik der rationellen Energieverwendung, die am Schluß angesprochen wird. Damit sind neben Energieeinsparung beim Verbrauch und Einsatz neuer Energieträger vor allem verbesserte

Nutzungsgrade bei Energieumwandlungsprozessen gemeint.

Bei der Behandlung des Stoffes geht es weniger um Berechnung und Auslegung der Kraftwerksanlagen als vielmehr um Aufbau und Wirkungsweise der sehr unterschiedlichen technischen Konzepte zur Stromerzeugung. Im Vordergrund steht das Verständnis der übergreifenden Zusammenhänge, wobei neben der Elektrotechnik maschinenbauliche und verfahrenstechnische Fragen eine gewichtige Rolle spielen. Mit diesen muß sich auch der Student der Elektrotechnik im Sinne eines projektorientierten Studiums zumindest grundlegend beschäftigen.

Bei dem gegebenen Umfang kann das vorliegende Skriptum nicht mehr als eine Einführung in das komplexe und viele Teilbereiche der Ingenieurwissenschaften unfassende Gebiet der Kraftwerkstechnik sein. Es soll dem angehenden Elektroingenieur einen Überblick geben und ihn dazu anregen, sich mit weiterführender Fachliteratur zu beschäftigen.

Hamburg, im Sommer 1981 Jürgen D.Pinske

Vorwort zur 2. Auflage

Neben der Aktualisierung der Daten ist der Text völlig neu geschrieben, an vielen Stellen überarbeitet und entsprechend dem Fortschritt der Technik erweitert und ergänzt worden. Neuere Entwicklungen vor allem beim Umweltschutz in Dampfkraftwerken und bei den Anlagen zur Nutzung nicht erschöpfbarer Energiequellen wurden berücksichtigt.

München, im Frühjahr 1993 Jürgen D. Pinske

Inhalt

1 Elektrizitätswirtschaftliche Grundlagen

Energie ist in verschiedenen Stoffen gebunden, die man **Energieträger** nennt. Die menschliche Energienutzung erfolgt auf unterschiedlichen Umwandlungsstufen dieser Energieformen, deshalb kann man zur besseren Unterscheidung die folgenden Bezeichnungen verwenden:

- **Primärenergie** wird durch die in der Natur vorkommenden Rohstoffe wie Rohöl, Kohle, Erdgas, Uran, Wasser bereitgestellt.

- **Sekundärenergie** wird durch Umwandlung aus Primärenergie gewonnen. Typische Sekundärenergieträger sind Benzin, Heizöl, Strom.

- **Endenergie** ist die vom Verbraucher eingesetzte Energieform, die sich aus Primär- und Sekundärenergie zusammensetzen kann.

- **Nutzenergie** ist die vom Verbraucher nach Umwandlung in andere Energieformen (Heizwärme, mechanische Energie, Licht) genutzte Energie.

Der **Endenergieverbrauch** Deutschlands (alte Bundesländer) in Höhe von 253,5 Mio t SKE (1 t SKE = 29,3 GJ = 8,13 MWh) wird zu rund 17 % durch elektrische Energie gedeckt (50 % Öl, 22 % Gas, 8 % Kohle, 3 % Sonstige). Da elektrischer Strom eine Sekundärenergie ist, muß er aus anderen Energieträgern durch Umwandlung erzeugt werden. Diese sind Steinkohle (31,2 %), Braunkohle (18,4 %), Kernenergie (32,7 %), Gas (8,0 %), Wasser (4,1 %), Öl (2,2 %) und Sonstige, z.B. Müll, (3,4 %). (Zahlenangaben für 1990).

Die Umwandlung geschieht in Kraftwerken unterschiedlicher Art je nach verwendeter Primärenergie. Sie werden sowohl von Elektrizitäts-Versorgungsunternehmen (EVU) als auch von der verarbeitenden Industrie betrieben. Während die Industrie hauptsächlich für ihren eigenen Bedarf Strom produziert (nur der Überschuß wird in das öffentliche Netz eingespeist), wird die von den EVU erzeugte elektrische Energie über ein Verbundnetz mit verschiedenen Spannungsebenen an die Verbraucher verteilt.

Grundlage der gesamten Elektrizitätsversorgung ist das **Energiewirtschaftsgesetz**, das die Unternehmen verpflichtet, elektrische Energie so **sicher** und **billig** wie möglich bereitzustellen. Daraus ergibt sich, daß ein EVU stets die wirtschaftlich günstigste Alternative zu wählen hat (billige Energie) und für eine ausreichende Reserve bei Erzeugungs- und Verteilungsanlagen sorgen muß (sichere Energie). Letzteres ist vor allem deshalb von Bedeutung, weil die betreffenden Anlagen eine lange Planungs- und Bauzeit (bis zu 10 Jahren) aufweisen, und die Entwicklung des Stromverbrauchs sowie der auftretenden Spitzenbelastung nicht sicher genug vorausgesagt werden kann.

Neben den in späteren Abschnitten behandelten technischen Konzepten zur Stromerzeugung spielt daher die **Elektrizitätswirtschaft** eine wichtige Rolle, die unter anderem die Betriebsweise und den Einsatz von Stromerzeugungsanlagen, deren Wirtschaftlichkeit (Kosten) und die für Lastprognosen unerläßliche Erfassung von statistischen Daten des Elektrizitätsverbrauchs umfaßt. Diese Themenkomplexe sollen anschließend besprochen werden, wobei mit der Erläuterung von Begriffen aus der Elektrizitätswirtschaft begonnen wird.

1.1 Begriffe

Elektrische Energie ist in dem für die Stromversorgung notwendigen Umfang nicht speicherbar, sie muß also in dem Augenblick erzeugt werden, in dem sie verbraucht wird. Dies ist die Besonderheit der Elektrizitätsversorgung gegenüber der Versorgung mit anderen Energiearten wie Kohle, Öl oder Gas, die problemlos für den Verbrauch vorgehalten werden können.

Da der Stromverbrauch nicht konstant ist, muß auch die Stromerzeugung in ihrem Verlauf veränderlich sein. Dies stellt man dar durch **Belastungskurven** $P = f(t)$, wobei der Zeitraum ein Tag (d), Monat (m) oder Jahr (a) sein kann. Als Belastung wird grundsätzlich die Wirkleistung angegeben, die in bestimmten Abständen (z.B. halbstündlich) gemessen wird.

Eine andere Form der Darstellung ist die **Dauerlinie**; sie ist eine **geordnete Belastungskurve** und gibt an, wie lange eine bestimmte Leistung innerhalb eines gewählten Zeitraums T beansprucht wurde. Sie entsteht aus der Belastungskurve, indem man für jeden Leistungswert die zugehörige Zeitdauer ermittelt und diese nach fallender Belastung geordnet aufträgt. Bild 1.1 zeigt als Beispiel eine typische

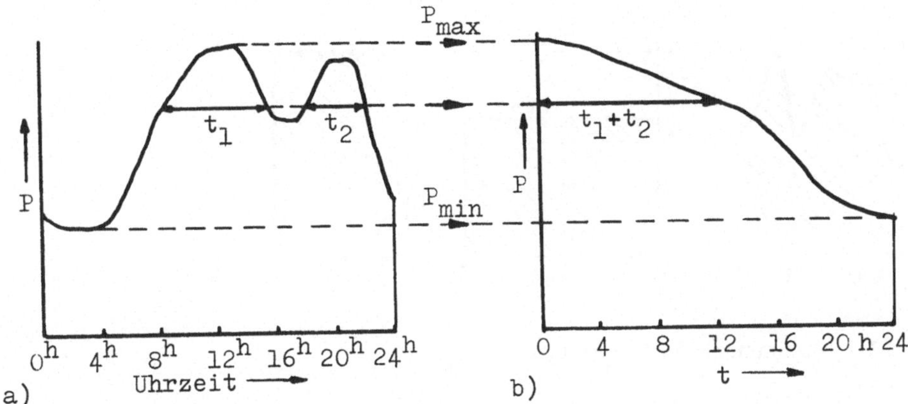

Bild 1.1 Tagesbelastungskurve (a) und Tagesdauerlinie (b)

Tagesbelastungskurve eines Versorgungsgebietes (z.B. einer Kleinstadt) mit Mittags- und Abendspitze sowie einem Nachttal und die daraus abgeleitete Tagesdauerlinie. Die Umwandlung der Kennlinien ist nicht reversibel, die Detailinformation in der Dauerlinie ist geringer. Die Flächen unterhalb beider Kurvenzüge sind gleich.

In der Praxis ist die Dauerlinie für einen Tag von geringer Bedeutung; dagegen werden häufig verwendet die **Monatsdauerlinie** und vor allem die **Jahresdauerlinie**. Auf der Abszisse werden in allen Fällen Stunden (h) aufgetragen, also bei der Monatsdauerlinie 720 bzw. 744 h, bei der Jahresdauerlinie 8760 h.

Zur besseren Veranschaulichung des gesamten Lastverlaufs über ein Jahr kann man auch eine dreidimensionale Darstellung wählen. Ordnet man die Kurven einer Tagesart (z.B. Sonntag) in einem Koordinatensystem derart, daß die Uhrzeit (24 Stunden eines Tages) auf der x-Achse, die Jahreszeit (52 Wochen) auf der y-Achse und die Belastung auf der z-Achse erscheinen, so erhält man ein **Lastgebirge**. Zur Abbildung des Lastgebirges aller Tagesarten mit Halbstundenwerten für ein Jahr sind ungefähr 18 000 Lastdaten erforderlich. Die Meßwerte mehrerer Jahre werden benutzt, um **Lastprognosen** zu erstellen, die wiederum die Grundlage für die Einsatzpläne der Kraftwerke sind.

Aus der Belastungskurve läßt sich ein anderer wichtiger Begriff ableiten: die **Benutzungsdauer**. Bildet man entsprechend Bild 1.2 aus einer vorgegebenen Belastungskurve zwei flächengleiche Rechtecke (einmal mit dem Betrachtungszeitraum T, zum anderen mit der Höchstlast P_{max} als fester Kantenlänge), so ergibt sich jeweils

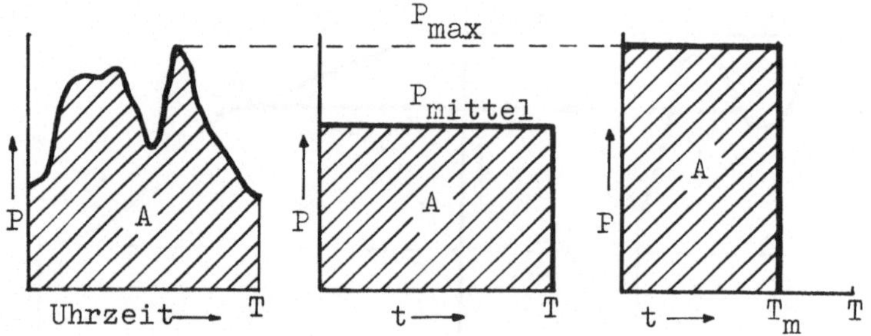

Bild 1.2 Bestimmung der Benutzungsdauer T_m

die der Fläche A entsprechende elektrische Arbeit

$$W_{el} = \int_0^T P \, dt = P_{mittel} \, T = P_{max} \, T_m \tag{1.1}$$

Daraus folgt die **Benutzungsdauer**

$$T_m = \frac{W_{el}}{P_{max}} \tag{1.2}$$

oder als bezogene Größe der **Belastungsfaktor**

$$m = \frac{T_m}{T} = \frac{P_{mittel}}{P_{max}} = \frac{W_{el}}{P_{max} \, T} \tag{1.3}$$

Die Benutzungsdauer T_m gibt also an, wieviele Stunden eine Leistung gleich der Höchstlast vom Kraftwerk abgegeben werden müßte, um die innerhalb eines Zeitraums T tatsächlich geleistete Arbeit zu erzeugen.

Im Ausland wird mehr der Belastungsfaktor (load factor) benutzt, in Deutschland ist die Benutzungsdauer gebräuchlicher. Die Aussage ist in beiden Fällen gleich. Ein charakteristischer Wert in der Elektrizitätswirtschaft ist die **Jahresbenutzungsdauer**, die sich für T = 8760 h ergibt. Sie ist eine Kennzahl für die Gestalt von Belastungskurve und Dauerlinie. Je größer die Jahresbenutzungsdauer ist, desto gleichmäßiger ist die Belastung der Kraftwerke. Eine erwünschte große Jahresbenutzungsdauer bei einem EVU ist erzielbar durch eine Mischung von verschiedenartigen Abnehmern innerhalb eines Versorgungsgebietes, durch große Einzelverbraucher mit hoher Benutzungsdauer (Fabriken mit durchgehendem Betrieb) und durch gezielte Auffüllung der Belastungstäler (Nachtstromspeicherheizung).

In der öffentlichen Elektrizitätsversorgung der Bundesrepublik Deutschland (alte Bundesländer) liegt die Jahresbenutzungsdauer bei $T_m = 6000$ h, das entspricht dem Belastungsfaktor $m = 0{,}685$. Die Kraftwerke können also wegen des schwankenden Verbrauchs nur zu etwa zwei Dritteln ausgelastet werden.

Wenn die Benutzungsdauer nicht auf die Höchstlast bezogen wird, muß der Bezugswert angegeben werden, also z.B. Benutzungsdauer der installierten Leistung, der Engpaßleistung (Definition s. nächste Seite), des Anschlußwerts usw. Speziell die Benutzungsdauer der Engpaßleistung wird auch **Ausnutzungsdauer** genannt.

Für die Bestimmung der in einem Versorgungsgebiet zu erwartenden Höchstlast ist der **Gleichzeitigkeitsfaktor** g von Bedeutung. Er ist definiert als das Verhältnis der Höchstlast in einem Zeitraum zur Summe der Höchstlasten der einzelnen Abnehmer im gleichen Zeitraum

$$g = \frac{P_{max}}{\sum_i P_{i,max}} \tag{1.4}$$

Dieser Gleichzeitigkeitsfaktor beinhaltet die Tatsache, daß die Spitzenlasten der Einzelabnehmer nicht gleichzeitig auftreten, und somit ihre Summe in der Regel größer ist als die tatsächlich gemessene Spitzenlast. Die Stromerzeugungsanlage braucht demnach nicht für die Summe der Nennleistungen (Bemessungsleistungen) aller angeschlossenen Verbraucher ausgelegt zu werden, sondern nur für den kleineren Wert der gesamten Spitzenlast. Der Gleichzeitigkeitsfaktor hängt ab von der Zusammensetzung und Anzahl der Verbraucher und kann nur empirisch ermittelt werden.

In der Elektrizitätswirtschaft werden außerdem folgende Begriffe häufig gebraucht:

Leistung ist die Leistungsfähigkeit einer Maschine oder Anlage; ohne Zusatz ist stets die Wirkleistung gemeint.

Last, Belastung meint die vom Verbraucher in Anspruch genommene Wirkleistung.

Grundlast, Mittellast, Spitzenlast sind die Lastbereiche, in die man die Belastungskurve entsprechend Bild 1.3 einteilen kann. Sie weisen unterschiedliche Benutzungsdauern auf. (In Klammern der sich jeweils ergebende Bereich der Jahresbenutzungsdauer).

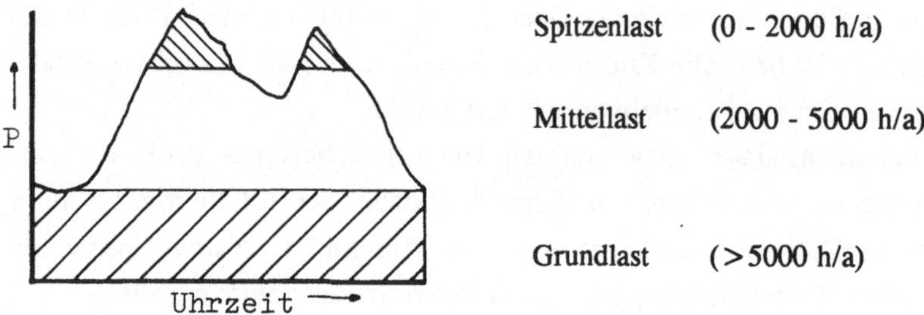

Bild 1.3 Lastbereiche

Engpaßleistung ist die durch den leistungsschwächsten Anlageteil begrenzte höchste ausfahrbare Leistung der Kraftwerke.

Verfügbare Leistung ist die tatsächlich erreichbare Maximalleistung, d.h. die Engpaßleistung abzüglich der infolge Reparatur, Überholung und mangelnder Betriebsverhältnisse (Störung) nicht einsetzbaren Leistung.

Verfügbarkeit ist die Betriebsstundenzahl (plus Bereitschaftsstunden) einer Anlage in einem Zeitraum dividiert durch die Dauer des gleichen Zeitraums.

Bruttoleistung ist die an den Generatorklemmen gemessene abgegebene Leistung eines Kraftwerks oder Kraftwerksblocks.

Nettoleistung ist dagegen die an den netzseitigen Klemmen des Blocktransformators gemessene, ins Netz eingespeiste Leistung. Das ist nach Bild 1.4 die Bruttoleistung abzüglich des Eigenbedarfs des Kraftwerks und der Aufspannverluste des Blocktransformators.

Gesicherte Leistung ist die bei störungsbedingtem Ausfall des größten Anlageteils noch zur Verfügung stehende Leistung.

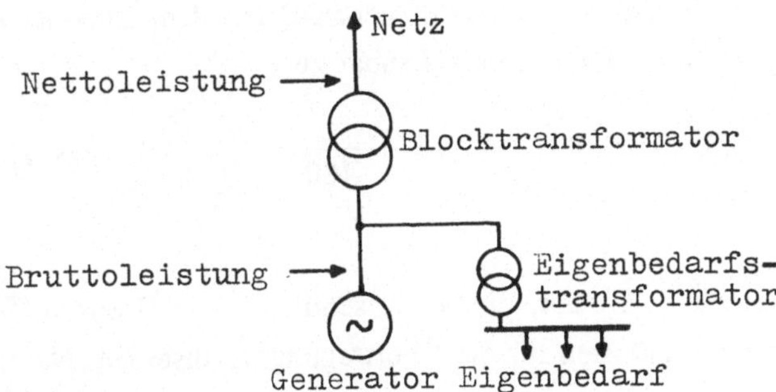

Bild 1.4 Definition von Brutto- und Nettoleistung

1.2 Kosten der elektrischen Arbeit

Die **jährlichen Kosten** K_a einer Stromerzeugungsanlage setzen sich zusammen aus Festkosten K_f und veränderlichen Kosten K_v

$$K_a = K_f + K_v \tag{1.5}$$

Unter **Festkosten** versteht man diejenigen Kosten, die unabhängig von der Stromerzeugung selbst anfallen. Sie werden in der Regel als Jahreskosten angegeben und umfassen hauptsächlich die Kapitalkosten (Abschreibung der Anlagekosten und Verzinsung), die Verwaltungs- und festen Betriebskosten (Steuern, Versicherungen, Personalkosten) sowie Wartungs- und Instandhaltungskosten. Für die jährlichen Festkosten kann man auch schreiben

$$K_f = k_f \, p_f \, P_{\max} \tag{1.6}$$

Darin bedeuten k_f die auf die installierte Höchstleistung P_{max} bezogenen Anlagekosten (z.B. in DM/kW), wobei unter P_{max} die elektrische Bruttoleistung (Nennleistung, Bemessungsleistung) zu verstehen ist, und p_f den Festkostensatz pro Jahr. Dieser setzt sich wiederum zusammen aus dem Annuitätsfaktor a_n für den Kapitaldienst und dem Betriebskostensatz z_b für die übrigen Festkosten, also

$$p_f = a_n + z_b \tag{1.7}$$

Dabei ist der Annuitätsfaktor (auch Kapitaldienstfaktor genannt) aus dem Zinssatz z (in %) und der Abschreibungszeit n (in Jahren) berechenbar zu

$$a_n = \frac{q^n\,(q-1)}{q^n - 1} \qquad mit \quad q = 1 + \frac{z}{100} \tag{1.8}$$

Die **veränderlichen** (oder variablen) **Kosten**, die im wesentlichen die Brennstoffkosten (im Kraftwerk) bzw. die Stromkosten für die Übertragungsverluste (im Netz) enthalten, ergeben sich zu

$$K_v = k_v\,P_{\max}\,T_m \tag{1.9}$$

Hierbei bedeuten T_m die schon bekannte Jahresbenutzungsdauer (in h) und k_v die auf die erzeugte Energie bezogenen variablen Kosten (z.B.in DM/kWh).

Damit ergeben sich nach Gl. 1.5 die jährlichen **Gesamtkosten** für ein Kraftwerk zu

$$K_a = k_f\,p_f\,P_{\max} + k_v\,P_{\max}\,T_m \tag{1.10}$$

Da man besser mit bezogenen Größen rechnet, dividiert man durch P_{max} und erhält so die auf die installierte Kraftwerksleistung **bezogenen Jahreskosten** (z.B. in DM/kW)

$$k_a = \frac{K_a}{P_{\max}} = k_f\,p_f + k_v\,T_m \tag{1.11}$$

Die Darstellung in Bild 1.5 zeigt abhängig von der Jahresbenutzungsdauer T_m einen steigenden Verlauf dieser leistungsbezogenen Jahreskosten.

Wesentlich aufschlußreicher ist jedoch der Wert, den man erhält, wenn man die Jahreskosten durch die erzeugte Jahresenergie W_{el} dividiert. Es ergeben sich dann die Kosten je kWh, also die **Stromerzeugungskosten**

$$k_i = \frac{K_a}{W_{el}} = \frac{K_a}{P_{\max}\,T_m} = \frac{k_f\,p_f}{T_m} + k_v \tag{1.12}$$

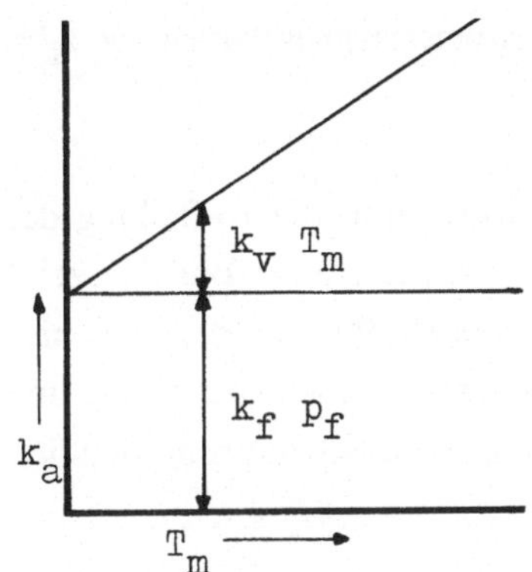

Bild 1.5 Leistungsbezogene Jahreskosten

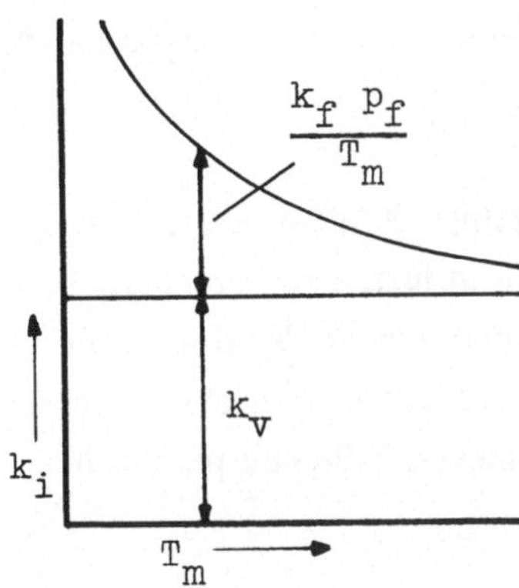

Bild 1.6 Stromerzeugungskosten

Die Darstellung dieser Stromerzeugungskosten abhängig von der einzigen in der Gleichung enthaltenen Variablen T_m ergibt eine fallende Kurve (Bild 1.6). Das bedeutet, daß mit höherer Benutzungsdauer die Stromerzeugungskosten sinken. Für den wirtschaftlichen Betrieb eines EVU ist somit die Benutzungsdauer entscheidend.

Beispiel 1.1 Ein Dampfkraftwerk mit einer installierten Wirkleistung von 550 MW, dessen Anlagekosten $1{,}375 \cdot 10^9$ DM bei einem Zinssatz von 10 % und einer Abschreibungszeit von 20 a betragen sollen, habe jährliche Betriebskosten von 5 % der Anlagekosten sowie Brennstoffkosten von 5,5 Pf/kWh. Wie groß sind die Stromerzeugungskosten k_i für die Jahresbenutzungsdauer T_m = 5850 h?

Nach Gl. 1.8 ist der Kapitaldienstfaktor mit q = 1 + 10/100 = 1,1

$$a_n = \frac{q^n\ (q - 1)}{q^n - 1} = \frac{1{,}1^{20}\ (1{,}1 - 1)}{1{,}1^{20} - 1} = 0{,}1175$$

mithin der Festkostensatz pro Jahr nach Gl. 1.7

$$p_f = a_n + z_b = 0{,}1175 + 0{,}05 = 0{,}1675$$

und damit ergibt Gl. 1.12 die Stromerzeugungskosten zu

$$k_i = \frac{k_f\, p_f}{T_m} + k_v = \frac{2500\ DM/kW \cdot 0{,}1675}{5850\ h} + 0{,}055\ DM/kWh =$$

$$= (0{,}0716 + 0{,}055)\ DM/kWh = 12{,}66\ Pf/kWh$$

Dagegen ergibt die halbe Benutzungsdauer $T_m' = 2925$ h Stromerzeugungskosten von $k_i' =$ 19,32 Pf/kWh.

Bei den einzelnen Kraftwerksarten ist die **Kostenstruktur**, d.h. die Aufteilung der Gesamtkosten in feste und veränderliche Kosten, sehr unterschiedlich. Bild 1.7 zeigt die prozentualen Anteile der Kosten für die gebräuchlichen Kraftwerksarten. Die hier gesondert aufgeführten Betriebskosten stellen überwiegend Personalkosten dar und sollen den unterschiedlichen personellen Aufwand bei der Betriebsführung deutlich machen.

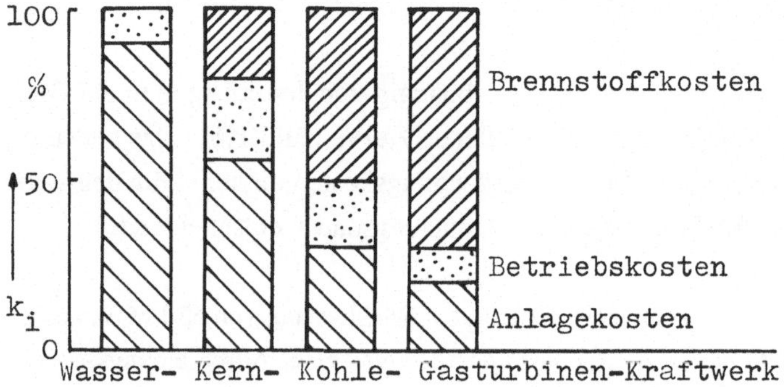

Bild 1.7 Kostenstruktur verschiedener Kraftwerksarten

Aus dem Balkendiagramm ersieht man, daß Wasser- und Kernkraftwerke hohe Anlagekosten, dafür aber keine bzw. geringe Brennstoffkosten haben, während ein Gasturbinenkraftwerk (allerdings bei wesentlich geringerer Leistung) sehr niedrige Anlagekosten (einfacher Aufbau, s. Kap. 4.5), aber wegen des geringeren Wirkungsgrads hohe Brennstoffkosten aufweist. Die hier für alle Kraftwerksarten zu 100 % angenommenen Gesamtkosten sind ebenfalls ungleich.

Trägt man die Stromerzeugungskosten, wie in Bild 1.8, über der Jahresbenutzungsdauer T_m für verschiedene Kraftwerksarten auf, so bestätigt sich, daß neben der Kostenstruktur die Benutzungsdauer die entscheidende Größe für die Kosten einer erzeugten kWh ist. Daher weichen die Stromerzeugungskosten von Grund-, Mittel- und Spitzenlastkraftwerken erheblich voneinander ab. Man kann also sinnvolle **Stromkostenvergleiche** zwischen verschiedenen Kraftwerkstypen nur anstellen, wenn man **gleiche Benutzungsdauern** zugrunde legt. Die in Bild 1.8 dargestellten typischen

Stromkostenkurven lassen erkennen, daß beispielsweise ein Kernkraftwerk sowohl das kostengünstigste (bei großer Benutzungsdauer) als auch das teuerste der drei Kraftwerke (bei geringer Benutzungsdauer) sein kann.

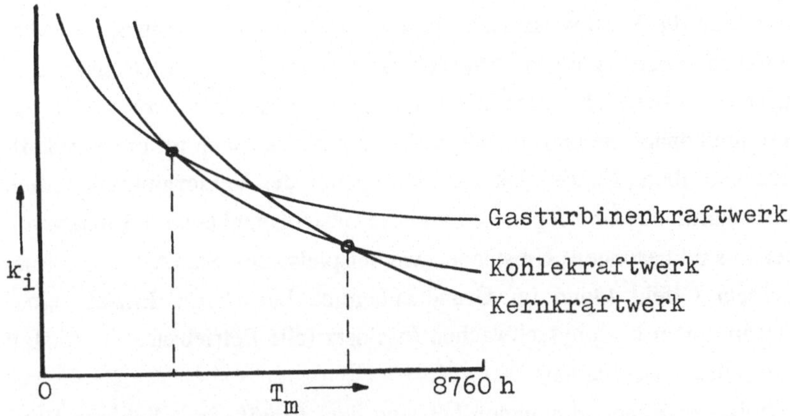

Bild 1.8 Vergleich der Stromerzeugungskosten

Grundsätzlich ist zu beachten, daß die hier behandelten Kosten ausschließlich **betriebswirtschaftliche** Kosten sind, also solche, die beim Bau und Betrieb einer Anlage für den Betreiber entstehen. Die **volkswirtschaftlichen** Kosten der Stromerzeugung, beispielsweise staatliche Subventionen für die Entwicklung neuer Verfahren oder Folgekosten für die Allgemeinheit, sind erforderlichenfalls gesondert zu betrachten.

Der **Einsatz der Kraftwerke** im Verbundbetrieb wird, außer von technischen Randbedingungen, hauptsächlich von derartigen Kostenkurven bestimmt, die für jede Anlage durch Messung und Rechnung erstellt werden. Damit kann man den einzelnen Kraftwerksarten folgende **Lastbereiche** zuordnen:

Kernkraftwerk	Grundlast
Dampfkraftwerk	Grund- und Mittellast
- Braunkohle	Grundlast
- Steinkohle	Mittellast
- Öl	Mittellast
- Gas	Grund- und Mittellast
Gasturbinenkraftwerk	Spitzenlast

Dieselkraftwerk	Grund-, Mittel- und Spitzenlast
Wasserkraftwerk	Grundlast, Spitzenlast
Pumpspeicherkraftwerk	Spitzenlast

Grundsätzlich werden die Kraftwerke nach dieser Zuordnung auch eingesetzt. Aber in der betrieblichen Praxis können Abweichungen von diesem wirtschaftlichen Optimum eintreten. So hat nicht jedes EVU alle aufgeführten Kraftwerksarten zur Verfügung. Man muß daher die einzelnen Maschinen teilweise auch im unwirtschaftlicheren Bereich betreiben. Ebenso hat im Störungsfall die Versorgungssicherheit Vorrang vor wirtschaftlichen Überlegungen. Weitere Gesichtspunkte beim Einsatz von Kraftwerksblöcken sind besondere Umstände, wie beispielsweise Standort einer Gasturbine nahe einem Ölfeld (dann im Grundlastbereich betrieben), Einsatz eines Dieselgenerators in einem leistungsschwachen Inselnetz (alle Betriebsarten), Ausfall einer großen Grundlastmaschine usw.

Von den technischen Randbedingungen her sind dem Einsatz in beliebigen Lastbereichen ebenfalls Grenzen gesetzt. So kann z.B. ein Kernkraftwerksblock nicht zur Spitzendeckung herangezogen werden, da die An- und Abfahrzeiten mehrere Stunden (aus dem "kalten" Zustand heraus sogar bis zu einem Tag) betragen. Der tatsächliche Einsatz von Stromerzeugungsanlagen hängt also von einer Vielzahl von Parametern ab. Aus diesem Grund verwendet man spezielle **Einsatzoptimierungsprogramme**, die teilweise auch schon mit Expertensystemen arbeiten.

1.3 Verbundbetrieb

Um die **Reserveleistung** für Störungsfälle möglichst klein und damit wirtschaftlich zu halten, sind in Europa alle Kraftwerke über das Hochspannungsnetz auf der 220 bzw. 380 kV - Ebene miteinander verbunden. Man kann dadurch außerdem den - wenn auch nur geringen - **Speichereffekt** des Netzes und der angeschlossenen Generatorsätze als Puffer für geringeren Spannungs- und Frequenzeinbruch bei störungsbedingtem Ausfall eines Kraftwerks nutzen. Des weiteren bietet der Verbundbetrieb den Vorteil, daß die **Frequenzregelung** einfacher und für alle Beteiligten gleich ist, und daß feste **Austauschleistungen** über Ländergrenzen hinweg vereinbart und auch gefahren werden können. Dies geht allerdings nicht beliebig, da die Übergabestellen in ihrer Leistung begrenzt sind.

Da die aus dem Verbund bezogenen Energiemengen teurer sind als die in eigenen Anlagen erzeugten, muß jedes EVU nach wie vor auch eigene Reserve vorhalten. Man unterscheidet hinsichtlich der Reservehaltung im Verbundnetz folgende Fälle:

- **Sekundenreserve**: Fällt ein Kraftwerk aus, so übernehmen zunächst automatisch mit sehr geringer Zeitverzögerung die Kraftwerke des europäischen Verbundnetzes die ausgefallene Leistung. (Wie dies regelungstechnisch geschieht, wird in Abschnitt 2.4 näher erläutert).

- **Minutenreserve**: Jeder Stromerzeuger im Verbund ist verpflichtet, das Leistungsdefizit innerhalb weniger Minuten selbst auszugleichen, und zwar durch schnell startende eigene Kraftwerke.

- **Stundenreserve**: Diese löst die Minutenreserve ab, indem langsamer startende, dafür aber kostengünstigere Kraftwerke angefahren werden, um die Versorgungslücke endgültig zu schließen.

Mit diesem Verfahren werden selbst größere Störungen sicher beherrscht, so daß der Verbraucher in der Regel nichts davon bemerkt.

1.4 Statistische Daten zur Stromerzeugung

Um eine Vorstellung davon zu vermitteln, um welche Größenordnungen es sich bei der Stromerzeugung in der Praxis handelt, sollen nachfolgend einige statistische Daten der Elektrizitätserzeugung der Bundesrepublik Deutschland wiedergegeben werden, wobei zwecks einer besseren Vergleichbarkeit, beispielsweise mit Zahlen früherer Jahre, nur die westdeutschen (alten) Bundesländer berücksichtigt sind.

Einen guten Überblick vermittelt das in Bild 1.9 dargestellte **Elektrizitätsflußbild** der Bundesrepublik für das Jahr 1990. Es ist von oben nach unten zu lesen und zeigt, daß an der Stromerzeugung sowohl die öffentlichen EVU als auch industrielle Kraftwerke beteiligt sind. Dazu kommt die Bundesbahn als Sonderfall (16 2/3 Hz). Die Industrie erzeugt ihren Strom deswegen weitgehend selbst, weil meist Prozeßwärme benötigt wird, und so der Energiegehalt des erzeugten Dampfes sowohl zur Wärme- als auch zur Stromerzeugung genutzt werden kann, wodurch der Ausnutzungsgrad des

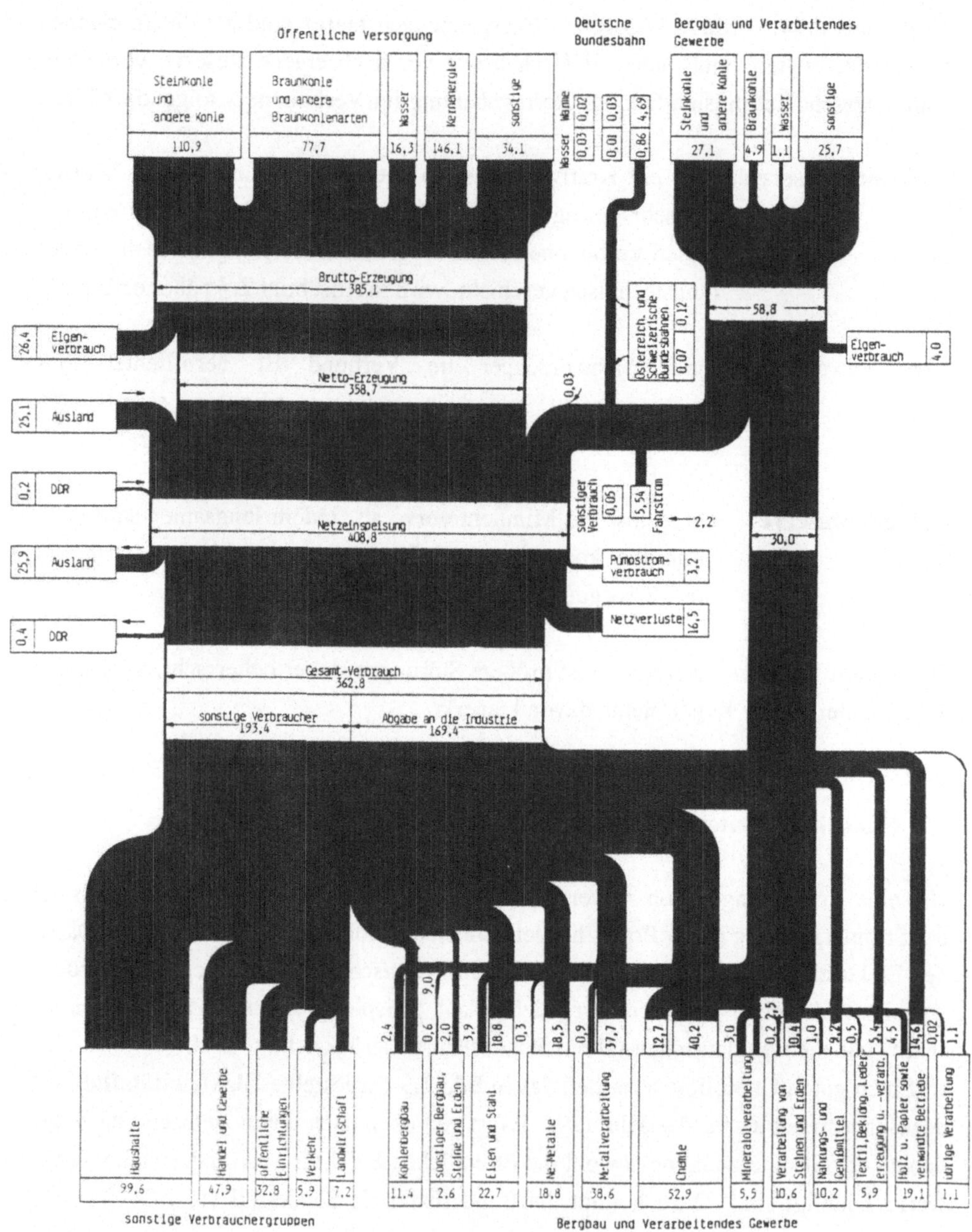

Bild 1.9 Elektrizitätsflußbild Deutschlands (alte Länder) von 1990. Alle Zahlenangaben in TWh. [VDEW].

eingesetzten Brennstoffs erheblich ansteigt. Man erreicht also durch diese, in Kapitel 6 näher besprochene, **Kraft-Wärme-Kopplung** günstigere Stromkosten. Der Anteil der Industrieerzeugung an der Gesamterzeugung beläuft sich auf etwa 13 %. Für die in Bild 1.9 angegebenen Zahlenwerte gilt

$$1 \text{ TWh} = 10^3 \text{ GWh} = 10^6 \text{ MWh} = 10^9 \text{ kWh} = 10^{12} \text{ Wh}$$

Das Elektrizitätsflußbild gibt außerdem einen Eindruck von der Größenordnung der Verluste und der Zusammensetzung der Verbraucher.

Die wichtigsten **Daten** für die (west-)deutsche **Elektrizitätserzeugung** lauten für 1990 (in Klammern Veränderungen gegenüber Vorjahr bzw. Geltungsbereich der genannten Werte):

Gesamtstromerzeugung	449 494 GWh	(+2,0 %)
Jahresspitzenlast (öffentl. Netz; 19.12.1990)	62 320 MW	(+6,4 %)
Installierte Leistung (brutto)	103 651 MW	(gesamt)
Engpaßleistung (brutto)	89 285 MW	(öffentl. Kraftwerke)
Verfügbare Leistung (brutto)	76 022 MW	(öffentl. Kraftwerke)
Verfügbare Leistung (netto)	71 697 MW	(öffentl. Kraftwerke)
Jahresbenutzungsdauer (öff. Netz)	6 131 h	(bez. auf Höchstleistung)
Jahresausnutzungsdauer (öff. Netz)	4 304 h	(bez. auf Engpaßleistung)

Aus den angegebenen Werten wird deutlich, daß die tatsächlich **verfügbare Leistung** erheblich unter der vorhandenen installierten Leistung liegt. So beträgt sie hier mit rund 72 GW (netto) für die öffentlichen Kraftwerke 80,3 % der Brutto-Engpaßleistung. In dem Wert 103 GW für die installierte Leistung sind die Industriekraftwerke enthalten.

Die gegenüber dem Vorjahr kräftig gestiegene **Jahresspitzenlast** trat - wie in den meisten Jahren - in der Woche vor Weihnachten auf. Bei besonderen Kälteperioden kann dieser Zeitpunkt auch im Januar liegen.

Der Zuwachs in der **erzeugten elektrischen Energie**, der über Jahrzehnte hinweg bei 7,2 % lag (Verdoppelung alle 10 Jahre), ist seit 1973 deutlich geringer geworden (1990: +2 %) und liegt jetzt im Mittel bei etwa 2,5 %. Bild 1.10 gibt eine Übersicht über die Entwicklung der Jahresstromerzeugung, der Jahresspitzenlast und der installierten Gesamtleistung in der Bundesrepublik Deutschland von 1984 bis 1990. Man erkennt einen langsamen, aber immer noch deutlichen Zuwachs in allen drei Kurven.

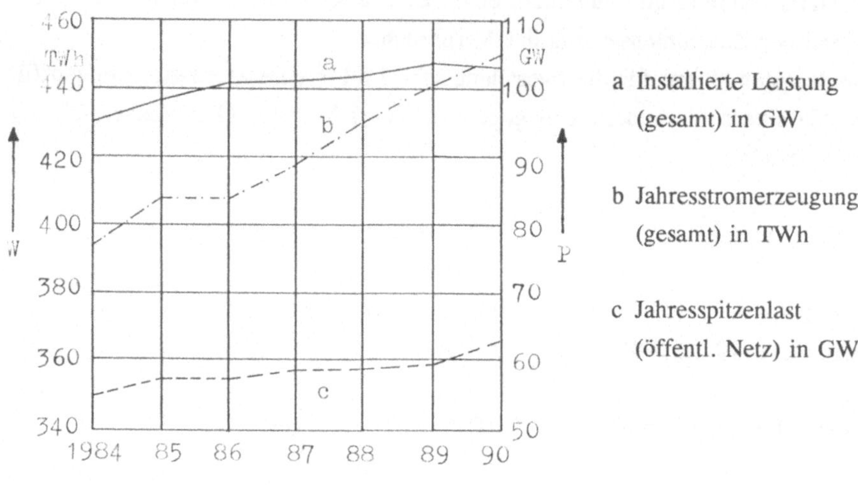

Bild 1.10 Entwicklung der Stromerzeugung 1984 - 1990

Den Anteil der **Energiequellen** (Primärenergieträger) an der Stromerzeugung bzw. an der installierten Kraftwerksleistung zeigen die beiden folgenden Bilder 1.11 und 1.12.

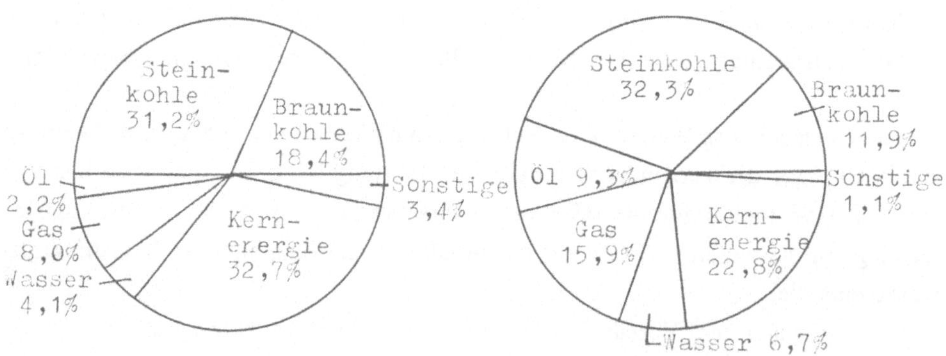

Bild 1.11 Anteil der Energieträger an der erzeugten Energie

Bild 1.12 Anteil der Energieträger an der Kraftwerksleistung

Daraus ist ersichtlich, daß die Kohle mit einem Anteil von etwa 50 % der Hauptenergieträger der deutschen Elektrizitätsversorgung ist. Die Kernenergie erreicht einen Anteil von knapp 33 % an der erzeugten elektrischen Energie. In Ostdeutschland (neue Bundesländer) hat die Braunkohle einen Anteil von 80 % an der Kraftwerksleistung und 95 % an der Stromerzeugung. (Zahlenangaben ebenfalls für 1990).

Schließlich zeigt Tafel 1.1 einige Zahlen aus demselben Jahr zur **Struktur** von Stromerzeugern und -verbrauchern durch eine Gegenüberstellung von Bedarf und Deckung des westdeutschen Stromverbrauchs.

Tafel 1.1 Struktur von Erzeugung und Verbrauch

Bedarf		TWh	Deckung		TWh
Netto-Stromverbrauch		398,2	Drehstromerzeugung		449,5
Industrie	50,1 %		Öffentl. Kraftwerke	85,7 %	
Haushalt	25,0 %		Industrie-Kraftwerke	13,1 %	
Übrige	24,9 %		Bundesbahn-Kraftwerke	1,2 %	
Pumpstromverbrauch		3,3			
Übertragungsverluste		16,5			
Kraftwerks-Eigenbedarf		30,5			
Ausfuhr		26,4	Einfuhr		25,4
Gesamt		474,9	Gesamt		474,9

Bemerkenswert ist, daß die Industrie mit etwa der Hälfte und die privaten Haushalte mit einem Viertel am Stromverbrauch beteiligt sind. Der Anteil der **Stromübertragungsverluste** im Netz liegt bei 4,1 % des Netto-Stromverbrauchs, während der **Eigenbedarf** der Kraftwerke etwa 6,8 % der Brutto-Stromerzeugung ausmacht.

Wenn man die Verbrauchszahlen für Industrie und übrige Verbraucher weiter aufschlüsselt, ergibt sich folgendes:

Der Verbrauch der **Industrie** in Höhe von 199,4 TWh setzt sich zusammen aus 30,0 TWh = 15,0 % eigener (Netto-)Erzeugung und Bezug aus dem öffentlichen Netz, der bei 169,4 TWh = 85,0 % liegt und damit bei weitem überwiegt. Andererseits speiste die Industrie aus eigenen Kraftwerken 24,7 TWh = 45,2 % ihrer

Nettostromerzeugung in das öffentliche Netz ein.

In den **übrigen Verbrauchern** ist der Verkehr mit 11,3 TWh enthalten, wovon etwa die Hälfte aus Eigenanlagen der Verkehrsbetriebe stammt, die andere Häfte aus dem öffentlichen Netz. Die Landwirtschaft stellt mit 7,2 TWh gegenüber Handel und Gewerbe (47,8 TWh) und den öffentlichen Einrichtungen (32,8 TWh) nur einen vergleichsweise kleinen Verbraucher dar.

Man ersieht aus derartigen Zahlen, die teilweise auch in dem Elektrizitätsflußbild enthalten sind, welche Bedeutung die einzelnen Erzeuger- und Verbrauchergruppen für die Elektrizitätswirtschaft haben. Weitere Zahlen finden sich im jährlich veröffentlichten Bericht des Statistischen Bundesamtes.

2 Kraftwerksgenerator

2.1 Aufbau

Als Stromerzeuger werden in den Kraftwerken fast ausschließlich Synchrongeneratoren verwendet. Nur in wenigen Ausnahmefällen (z.B. Windkraftanlagen, kleine Wasserkraftmaschinen) kommen auch Asynchrongeneratoren zum Einsatz.

Die Wirkungsweise der Synchronmaschine und ihre theoretischen Grundlagen werden als bekannt vorausgesetzt und daher hier nicht besprochen. Stattdessen sollen in diesem Kapitel die praktische Ausführung der Generatoren im Kraftwerk, ihr betrieblicher Einsatz und einige zugehörige Einrichtungen (Kühlung, Erregung und Schutz) behandelt werden. Außerdem wird auf das Zusammenwirken mehrerer Generatoren im Verbundnetz eingegangen.

Ein **Synchrongenerator** besteht grundsätzlich aus dem mit Gleichstrom erregten Läufer und dem eine Dreiphasen-Wechselstromwicklung tragenden, aus Einzelblechen zusammengesetzten Ständer. Die meist als Zweischichtwicklung in offene Nuten eingelegte Ständerwicklung wird zur Verringerung von Oberschwingungen der erzeugten Spannung in Stern geschaltet.

Der weitere Aufbau der in Kraftwerken eingesetzten **Drehstromgeneratoren** ist abhängig von der Drehzahl der verwendeten Antriebsmaschine. Erfolgt der Antrieb des Generators durch eine Dampfturbine, so handelt es sich in der Regel um **Turbogeneratoren** in 2-poliger Ausführung mit der Drehzahl $n = 3000\ \text{min}^{-1}$ (50 Hz) bzw. $n = 3600\ \text{min}^{-1}$ (60 Hz). Dies ist entsprechend dem Zusammenhang zwischen Polpaarzahl p, Drehzahl n und Frequenz der erzeugten Spannung f

$$n = \frac{f}{p} \tag{2.1}$$

die größte mögliche Drehzahl, die aus wirtschaftlichen Gründen für die Dampfturbine gewählt wird. Turbogeneratoren sind gekennzeichnet durch einen **Vollpolläufer**. Dieser besteht aus einem runden Ballen aus massivem, geschmiedetem Stahl mit Nuten für die Aufnahme der verteilt angeordneten Gleichstrom-Erregerwicklung. An den Enden halten Polkappen die Wickelköpfe gegen die Fliehkräfte zusammen.

Bei **Industrieturbosätzen** kleinerer Leistung (ein Turbosatz besteht aus Turbine, Generator und gegebenenfalls Erregermaschine) findet man auch Dampfturbinen mit höheren Drehzahlen, die über ein Getriebe 4-polige Generatoren antreiben. Einen Sonderfall bilden die großen **Kernkraftwerksgeneratoren**, die mit Leistungen bis S = 1500 MVA, entsprechend P = 1350 MW gebaut werden. Bei derartigen Grenzleistungsmaschinen wird die 4-polige Bauart mit der Drehzahl $n = 1500\ \text{min}^{-1}$ gewählt, da sonst die Umfangsgeschwindigkeit der Turbinenschaufeln zu groß würde.

Im Gegensatz zu kleineren, mit ausgeprägten Polen versehenen 4-poligen Generatoren wird aber der Läufer dieser Großgeneratoren wie bei der 2-poligen Bauweise als Vollpolläufer ausgeführt. Bild 2.1 zeigt den Längsschnitt durch einen solchen großen Turbogenerator, der in Ständer und Läufer mit Wasser gekühlt wird und bei einer aktiven Länge von 7,5 m einen Läuferdurchmesser von 1,8 m aufweist. Die Größe des Luftspalts zwischen Ständer und Läufer liegt bei über 10 cm.

Scheinleistung S und Abmessungen eines Synchrongenerators hängen mit der Drehzahl nach der Beziehung

$$S = C\, n\, d^2\, l \qquad (2.2)$$

zusammen, wobei C die Ausnutzungsziffer, d den Läuferdurchmesser und l die aktive Eisenlänge bedeuten. Daraus ergibt sich, daß die durch das Produkt $d^2 l$ gekennzeichnete Baugröße bei gleicher Leistung und Ausnutzung mit kleinerer Drehzahl zunimmt. Der in Bild 2.1 abgebildete 4-polige Generator ist

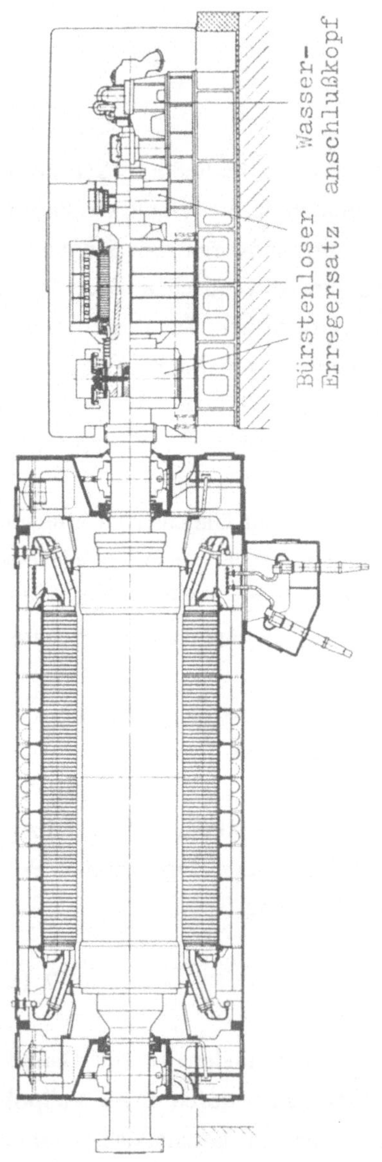

Bild 2.1 Turbogenerator 1530 MVA, 1500 min^{-1} [Werkbild KWU]

denn auch eine der größten Stromerzeugungsmaschinen überhaupt. Für 2-polige Maschinen liegt die Grenzleistung derzeit bei 800 MW.

Wenn als Generatorantrieb Wasserkraftmaschinen oder Dieselmotoren eingesetzt werden, liegen die Drehzahlen zum Teil erheblich niedriger, so bei Wasserkraftgeneratoren zwischen n = 60 min^{-1} und n = 750 min^{-1} und bei Dieselgeneratoren zwischen n = 75 min^{-1} und n = 1500 min^{-1}. Die sich nach Gl. 2.1 ergebenden größeren Polzahlen führen aus Fertigungsgründen zum Aufbau des Läufers mit ausgeprägten Polen, dem **Schenkelpolläufer**. Die größeren unter diesen Läufern bestehen aus einem geschweißten Radkranz mit aufgeschraubten oder in Schwalbenschwanznuten eingesetzten kompletten Polen mit Schaft, Polschuh und Wicklung. Nur die Polschuhe werden meist geblecht und auch häufig mit einer **Dämpferwicklung** zum Ausgleich von Pendelungen versehen. Diese besteht aus Kupferstäben, die durch die Polschuhe gezogen und an ihren Enden mit Kupferringen zu einem Käfig verbunden werden.

Die Schenkelpolgeneratoren weisen - vor allem bei kleineren Drehzahlen - einen großen Durchmesser (bis zu 18 m) auf bei nur kleiner aktiver Länge (Scheibenform). Ein derartiger niedertouriger Schenkelpolgenerator ist als Bestandteil eines Wasserturbinensatzes in Bild 4.24 in Abschnitt 4.7 zu sehen. Die erreichbaren Leistungen liegen für Wasserkraftgeneratoren etwa in der Größenordnung von Turbogeneratoren (z.B. Itaipu/Brasilien: S = 770 MVA, Läuferdurchmesser d = 15 m bei n = 92,3 min^{-1}).

Die **Bemessungsspannung (Nennspannung)** von Generatoren wählt man immer 5 % höher als die zugehörige Netznennspannung, um den Spannungsfall bis zum Verbraucher zu berücksichtigen. Größere Kraftwerksgeneratoren arbeiten über einen eigenen Blocktransformator hochspannungsseitig parallel. Damit kann die Generatorspannung frei gewählt werden. Man verwendet je nach Leistung die Nennspannungen 6,3 kV, 10,5 kV, 21 kV und 27 kV.

Der Generator wird im elektrischen Netzersatzschaltbild, z.B. bei Kurzschlußberechnungen, häufig durch seine Impedanz bzw. Reaktanz dargestellt. Hierbei sind insbesondere die synchrone Längs- und Querreaktanz X_d und X_q (bei Vollpolläufern fast gleich), die transiente Reaktanz X_d', die subtransiente Reaktanz X_d'' sowie die Nullreaktanz X_0 von Interesse. Anhaltswerte für diese Kenngrößen sind in Tafel 2.1 aufgeführt, wobei es sich um mittlere Werte handelt; Abweichungen in der Praxis sind daher möglich.

Die als p.u.(per unit)-Größen angegebenen Zahlenwerte lassen sich in Ohmwerte

Tafel 2.1 Bezogene Reaktanzen von Synchrongeneratoren (p.u.)

Bauart	x_d	x_q	x_d'	x_d''	x_o
Turbogenerator	1,6	1,5	0,2	0,12	$(0,17\text{-}0,33)x_d$
Schenkelpolgenerator mit Dämpferkäfig	1	0,6	0,3	0,2	

umrechnen nach der Beziehung (U_{nG} = Nennspannung, S_{nG} = Nennscheinleistung des Generators)

$$X_d = x_d \frac{U_{nG}^2}{S_{nG}} \tag{2.3}$$

Der ohmsche Widerstand der Generatorwicklung liegt bei Maschinen über 2 MVA bei etwa 0,07 X_d, kann also meist vernachlässigt werden.

2.2 Kühlung

Wegen der hohen Leistungsdichte in den Generatoren verdient die Wärmeabfuhr, d.h. die Kühlung der Maschinen, besondere Beachtung. Geeignete **Kühlmedien** für Generatoren sind Luft, Wasserstoff und Wasser.

Wasserstoff (H_2) unter 3 bis 4 bar (0,3 bis 0,4 MPa) Druck erreicht gegenüber Luft etwa das 3- bis 4-fache, Wasser (H_2O) sogar ungefähr das 50-fache Wärmeabfuhrvermögen. Kleinere Maschinen werden mit Luft aus dem Maschinenhaus im offenen Kreislauf, größere Einheiten mit Luft, Wasserstoff oder Wasser im geschlossenen Kreislauf, also mit Rückkühlung über Wärmetauscher, gekühlt.

Bei **Wasserkraftgeneratoren** ist die Wärmeabfuhr wegen des großen Durchmessers weniger kritisch; man verwendet Luft und bei sehr großen Maschinen auch Wasser zur Kühlung. **Turbogeneratoren** kühlt man bis zu einer Blockleistung von etwa 100 MW mit Luft. Bei Leistungen zwischen 100 und 600 MW wird Wasserstoff und über 600 MW Wasser als Kühlmedium eingesetzt. Diese Grenzen sind fließend und daher nur als Anhaltspunkte zu verstehen.

Die gasförmigen Kühlmittel Luft und Wasserstoff können bei **direkter** (im Leiter) und **indirekter** Kühlung (im Eisen) verwendet werden, Wasser wird nur zur direkten Leiterkühlung eingesetzt. Bei der indirekten Kühlung fließt der Wärmestrom über die Leiterisolierung zu den im Eisen verlaufenden Kühlkanälen. Diese Kühlungsart ist daher gegenüber der direkten Kühlung, bei der das Kühlmittel im Leiter selbst fließt, die weniger wirksame und findet deswegen bei den jeweils kleineren Typengrößen Verwendung.

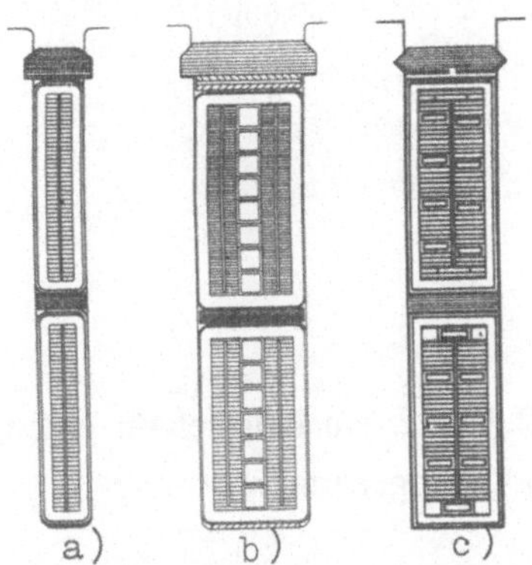

a indirekte Kühlung

b direkte H_2-Kühlung

c direkte H_2O-Kühlung

Bild 2.2 Leiterquerschnitte

Leiterquerschnitte der Ständerwicklung bei unterschiedlichen Kühlungsarten zeigt Bild 2.2.

Wasserstoff bietet neben dem erwähnten besseren Wärmeabfuhrvermögen gegenüber Luft noch den Vorteil geringerer Reibungsverluste des Läufers, die bei der hohen Umfangsgeschwindigkeit nicht unerheblich sind. Allerdings muß ein auf der Welle angebrachtes Gebläse für den Umlauf des Gases sorgen, das über einen im Generator befindlichen Wasserkühler rückgekühlt wird. Das dafür benötigte Kühlwasser wird dem allgemeinen Kühlkreislauf des Kraftwerks entnommen. Der erforderliche H_2-Druck von 3 bis 4 bar wird durch Füllung des Generators aus unter Druck stehenden Flaschen erhalten. Dabei wird - um einer Explosionsgefahr durch Knallgasbildung zu begegnen - der Generator vorübergehend mit CO_2 aufgefüllt.

Wasser wird bei sehr großen Maschinenleistungen wegen des gegenüber Wasserstoff nochmals erheblich vergrößerten Wärmeabfuhrvermögens im Ständer und Läufer eingesetzt. Bei mittleren Leistungen gibt es auch die Möglichkeit, den Ständer wassergekühlt und den Läufer wasserstoffgekühlt auszuführen. Der Luftspalt wird in jedem Fall mit Wasserstoff gekühlt (Reibungswärme durch den rotierenden Läufer).

Das Wasser muß, da es in den spannungführenden Leitern fließt, ständig über Ionenaustauscher und Filter aufbereitet werden. Dem Läufer wird es über das Wellenende zugeführt (Wasseranschlußkopf in Bild 2.1 und 2.3). Die Abführung der Wärme

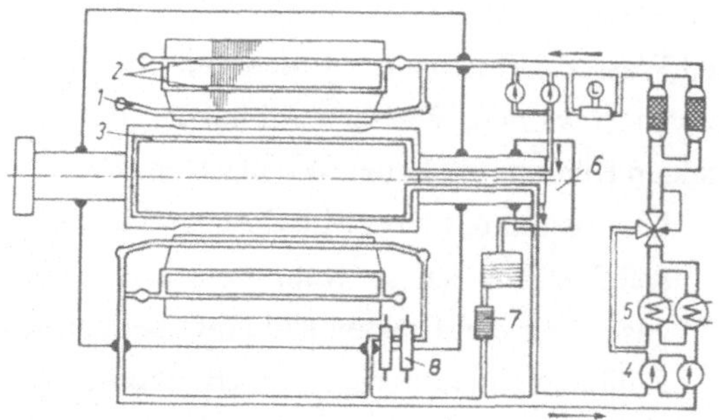

1 Ständerwicklung
2 Ständerblechpaket
3 Läuferwicklung
4 Hauptpumpe
5 Wasserrückkühler
6 Wasseranschlußkopf
7 Wasseraufbereitung
8 Generatordurchführung

Bild 2.3 Kühlwasserkreislauf eines Turbogenerators

erfolgt über einen Wasser/Wasser-Rückkühler. Bild 2.3 zeigt ein Beispiel für einen derartigen Kühlwasserkreislauf eines wassergekühlten Turbogenerators.

2.3 Erregung und Spannungsregelung

Der Synchrongenerator benötigt ein rotierendes Gleichfeld, sein Läufer muß also mit Gleichstrom erregt werden. Dies wird erreicht durch Versorgung des Läufers von außen über Schleifringe. Bei sehr großen Erregerströmen bereitet die Schleifringzuführung über Kohlebürsten Schwierigkeiten, man geht deshalb zu bürstenlosen Erregereinrichtungen auf der Welle über, wie sie später in diesem Abschnitt beschrieben werden. Grundsätzlich gibt es drei verschiedene **Erregungsarten**:

- **Selbsterregung**: Der Erregerstrom wird an den Ständerklemmen des Generators entnommen.

- **Eigenerregung**: Der Erregerstrom wird von einem auf der Welle angebrachten Hilfsgenerator erzeugt.

- **Fremderregung**: Der Erregerstrom wird von einer unabhängigen Spannungsquelle geliefert.

Die technische Ausführung ist in Bild 2.4 bis 2.6 dargestellt. Bild 2.4 zeigt die lastabhängige **Selbsterregung** eines Konstantspannungsgenerators für kleinere Leistungen. Der Erregerstrom wird an der Ableitung des Generators gebildet und besteht aus

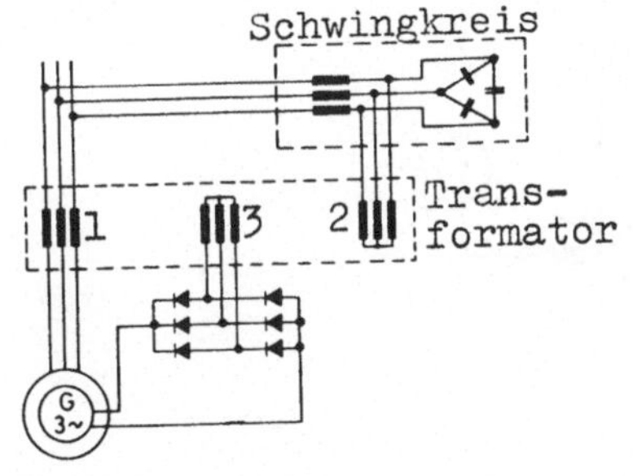

1 Primärwicklung (lastabhängig)

2 Primärwicklung (lastunabhängig)

3 Sekundärwicklung

Bild 2.4 Selbsterregung eines Konstantspannungsgenerators

zwei Komponenten, einer lastabhängigen (1) und einer lastunabhängigen (2), die die Leerlauferregung liefert. Beim Hochlauf des Generators erfolgt die selbständige Auferregung mit Hilfe der Remanenz in der Maschine und eines die lastunabhängige Komponente des Erregerstroms verstärkenden Schwingkreises. Sobald der Generator ans Netz geschaltet ist und damit Strom abgibt, kommt die stromabhängige Erregerkomponente dazu. Der in dem Summentransformator (1, 2, 3) gebildete dreiphasige Wechselstrom wird gleichgerichtet und über Schleifringe dem Generatorläufer zugeführt. Diese Bauform des Konstantspannungsgenerators ist meistens bei Dieselaggregaten zu finden.

Während die Selbsterregung nur für kleine Erregerströme verwendet wird, ist die **Eigenerregung** auch für mittlere bis große Maschinen geeignet und kommt daher häufig vor. Bild 2.5 zeigt drei Ausführungsbeispiele. Im unteren Leistungsbereich liefert eine Nebenschlußerregermaschine auf der Welle am Ende des Turbosatzes die benötigte Erregerleistung (Bild 2.5 a). Bei mittleren Leistungsgrößen wird der Erregerstrom von einer Gleichstromhaupterregermaschine geliefert, deren Erregung wiederum von einer Hilserregermaschine kommt (Bild 2.5 b). Die Veränderung des Erregerstroms erfolgt über Stellwiderstände im Nebenschlußkreis entweder von Hand oder durch einen Spannungsregler.

Diese Erregungsart mit Gleichstromgeneratoren auf der Welle weist den Nachteil der wartungsintensiven Kommutatoren und Schleifringe mit Bürsten auf. Um diesen Nachteil wenigstens teilweise zu vermeiden, setzt man auch Drehstromsynchrongeneratoren mit Permanentpolerregung als Hilfserregermaschine ein, deren Strom gleichgerichtet dem Feld der Haupterregermaschine zugeführt wird. Man kann auch für die Haupterregermaschine die Drehstromausführung wählen, wobei dann über stationäre Stromrichter und Schleifringe die Läuferwicklung des Generators gespeist wird.

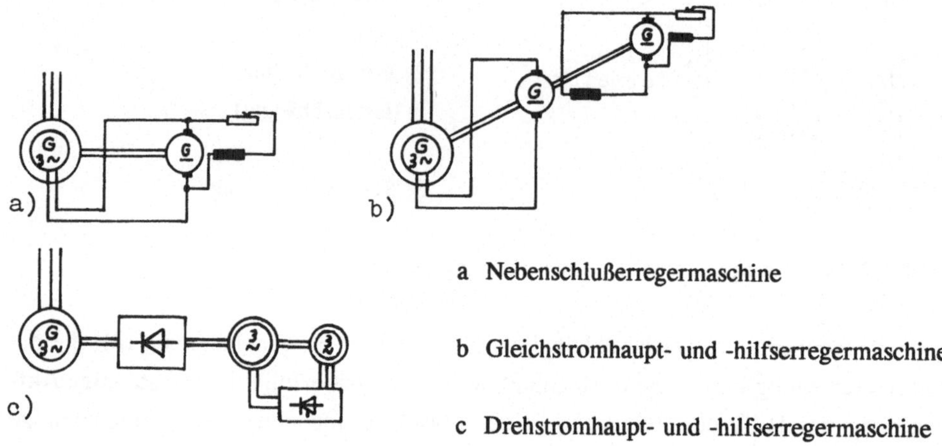

a Nebenschlußerregermaschine

b Gleichstromhaupt- und -hilfserregermaschine

c Drehstromhaupt- und -hilfserregermaschine mit rotierenden Gleichrichtern

Bild 2.5 Eigenerregung eines Synchrongenerators

Vollkommen ohne Kommutatoren, Bürsten und Schleifringe kommt die in Bild 2.5 c dargestellte Variante aus. Dies wird erreicht durch Verwendung von Drehstromerregermaschinen mit der Besonderheit, daß die Haupterregermaschine als Außenpolmaschine ausgeführt wird. Der vom Hilfserreger gelieferte Drehstrom wird gleichgerichtet den Außenpolen im feststehenden Teil des Haupterregers zugeführt. Nur hier besteht eine Eingriffsmöglichkeit, um den Generator-Erregerstrom zu regeln.

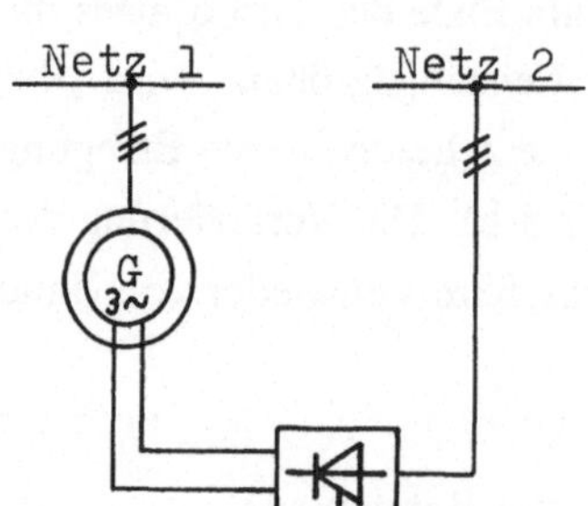

Bild 2.6 Fremderregung eines Synchrongenerators

Der im rotierenden Teil des Haupterregers erzeugte Drehstrom wird durch eine Bohrung in der Welle einem zwischen Haupterreger und Generator auf der Welle angebrachten Diodenrad (rotierende Gleichrichter) zugeführt. In diesem wird die Gleichrichtung vorgenommen. Anschließend erfolgt - wieder durch die Welle - die Zuführung direkt zur Läuferwicklung des Generators. Mit dieser

Ausführungsart der Erregung sind auch sehr große Ströme beherrschbar. Der in Bild 2.1 dargestellte Generator hat eine derartige bürstenlose Erregereinrichtung.

Bild 2.6 zeigt die relativ selten angewandte **Fremderregung**. Hier wird aus einem zweiten Netz Drehstrom entnommen, über Stromrichter gesteuert zu Gleichstrom umgeformt und über Schleifringe dem Generatorläufer zugeführt.

Die **Spannungsregelung** des Generators sowie die Blindleistungsregelung am starren Netz erfolgt mit einem Spannungsregler über die Änderung des Erregerstroms. Ein Beispiel für das Zusammenwirken von Erregung und Spannungsregelung zeigt das Regelschema eines Großgenerators mit bürstenloser Erregung und **Thyristor-Spannungsregler** in Bild 2.7.

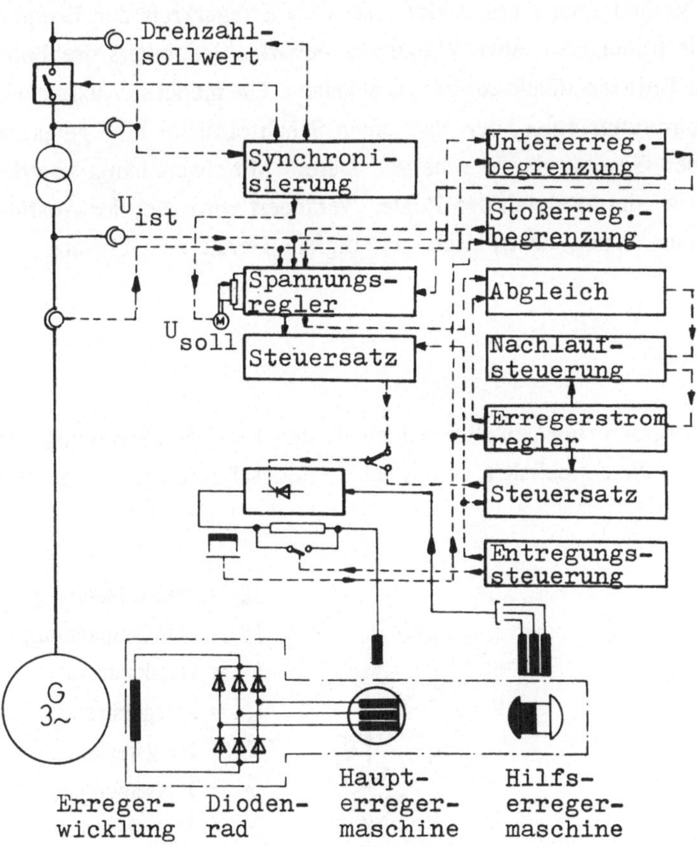

Bild 2.7 Regelschema eines Thyristor-Spannungsreglers

Der Spannungsregler, dessen Istwert von einem zwischen Generator und Blocktransformator befindlichen Spannungswandler geliefert wird, wirkt auf einen Steuersatz, der wiederum die Thyristorstromrichter im Ausgang der Hilfserregrmaschine steuert. Außerdem ist in der Regel eine Handverstelleinrichtung vorhanden, die bei Ausfall des Reglers unmittelbar über einen gesonderten Steuersatz auf die Thyristoren einwirkt und in diesem Beispiel als Erregerstromregler ausgeführt ist. Dieser wird in seinem Ausgangswert dem Spannungsregler ständig nachgeführt (Nachlaufsteuerung), um einen stoßfreien Übergang zu gewährleisten. Die übrigen in Bild 2.7 aufgeführten Funktionsblöcke dienen der Strombegrenzung in Ständer und Läufer sowie dem Abgleich bei automatischer Netzsynchronisierung (s. Abschnitt 2.4).

Bei Erregung über Gleichstrommaschinen erfolgt die Spannungsregelung des Generators über die Veränderung eines Widerstandes im Erregerkreis der Erregermaschine. Dies wurde früher über einen Wälzregler bewirkt, der mittels drehbarer Segmente stufenweise Teilwiderstände zu- oder abschaltete. Die moderne Ausführung ist der **Transistor-Spannungsregler**, der über einen Schalttransistor eine getaktete Gleichspannung auf den Generatorläufer schaltet. Deren Mittelwert hängt von der Taktfrequenz ab, die wiederum durch den Regler verändert wird. Bei der Ausführung der Regler kommen analog-elektronische und digitale Geräte zum Einsatz.

2.4 Verhalten am Netz

Wird ein Synchrongenerator an ein - im allgemeinen als starr bezüglich Spannung und Frequenz anzusehendes - Netz geschaltet, so eilt bei Leistungsabgabe der Läufer dem

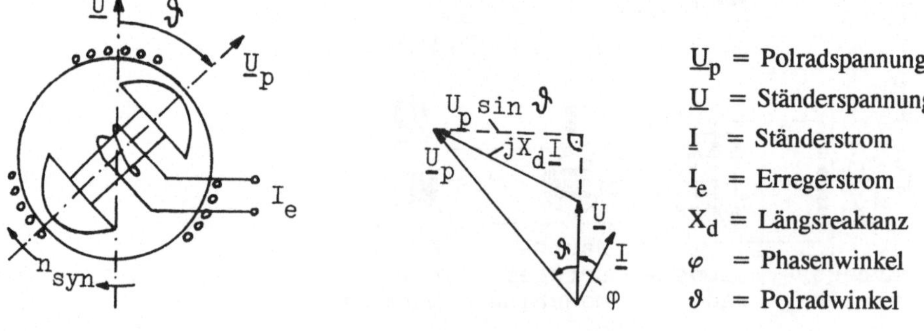

Bild 2.8 Polradwinkel

Bild 2.9 Zeigerdiagramm

Ständerfeld voraus, und es ergibt sich ein Winkel zwischen der Achse des Läufer- und des Ständerfeldes, der **Polradwinkel** ϑ, dessen Größe lastabhängig ist (Bild 2.8). Im vereinfachten Zeigerdiagramm des Vollpolgenerators nach Bild 2.9 (ohmscher Wicklungswiderstand vernachlässigt) ist ϑ der Winkel zwischen der Polradspannung $\underline{U}_p$ und der Ständerspannung $\underline{U}$.

Für die an das Netz abgegebene Wirkleistung gilt

$$P = 3\ U\ I \cos\varphi \tag{2.4}$$

wobei U die Strangspannung ist. Aus dem Zeigerdiagramm ergibt sich der Zusammenhang

$$U_p \sin\vartheta = I\ X_d \cos\varphi \tag{2.5}$$

Setzt man dies in Gl. 2.4 ein, so folgt mit der Abkürzung $P_o = 3\ U\ U_p/X_d$

$$P = 3\ U \frac{U_p}{X_d} \sin\vartheta = P_o \sin\vartheta \tag{2.6}$$

Nimmt man U und U_p als konstant an, erkennt man, daß die abgegebene Leistung P (und damit das Drehmoment M, das den gleichen Verlauf hat) sich mit dem sin ϑ ändert. Im Leerlauf (P = 0) ist auch der Polradwinkel ϑ Null.

Als synchronisierendes Moment definiert man den Ausdruck $M_s = dM/d\vartheta$. Solange nun M_s positiv ist, ergibt sich ein stabiler Betrieb des Synchrongenerators, also für $\vartheta = 0°$ bis 90° (Vollpolläufer). Für $\vartheta > 90°$ wird der Betrieb instabil, und die Maschine fällt außer Tritt. Man bezeichnet dieses Verhalten auch als **statische Stabilität** (Bild 2.10 a).

Bei **dynamischen** Vorgängen, z.B. Laststößen, bei denen die Maschine kurzzeitig aus dem Gleichgewicht zwischen mechanischem Antriebs- und elektrischem Gegenmoment kommt, schwingt das Polrad über den neuen Belastungszustand hinaus, wobei ϑ auch kurzzeitig größer als 90° werden kann. Wie in Bild 2.10 b für eine stoßartige Belastungsänderung von P_1 nach P_2 dargestellt, erfolgt ein Überschwingen bis P_3 in der Weise, daß die beiden Flächen A_1 und A_2 aus energetischen Gründen etwa gleich sind, mit anschließendem gedämpften Einschwingen auf den neuen Endzustand P_2. Damit der Generator bei diesem Vorgang nicht außer Tritt fällt (Flächen A_1 und A_2

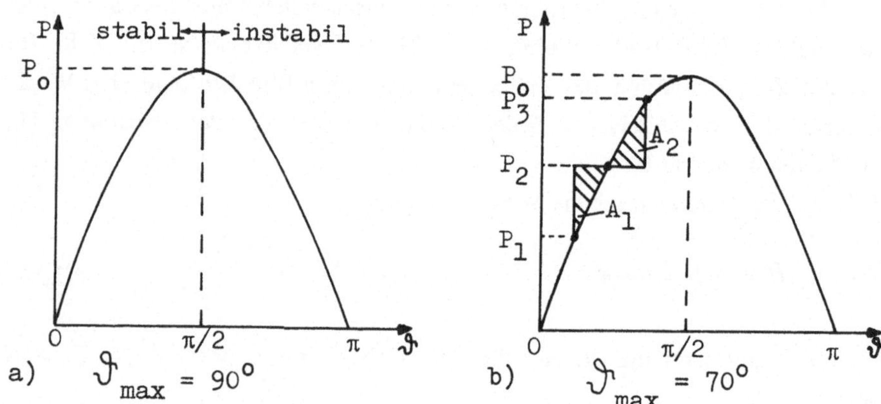

Bild 2.10 Statische Stabilität (a) und dynamische Stabilität (b)

ungleich), sollte der Polradwinkel ϑ im statischen Betrieb nicht größer als 70° sein.

Eine gute Übersicht über die möglichen Betriebszustände eines Synchrongenerators am Netz vermittelt das in Bild 2.11 gezeigte **Belastungsdiagramm**. Es ist aus dem Zeigerdiagramm durch Drehung um 90° hervorgegangen (man findet auch Darstellungen ohne diese Drehung) und gibt außer den Strömen $\underline{I}$ (Ständerstrom), $\underline{I}_e$ (Erregerstrom) und $\underline{I}_{eo}$ (Leerlauferregerstrom) die Betriebspunkte P, Q sowie die praktisch ausfahrbaren Betriebsgrenzen an.

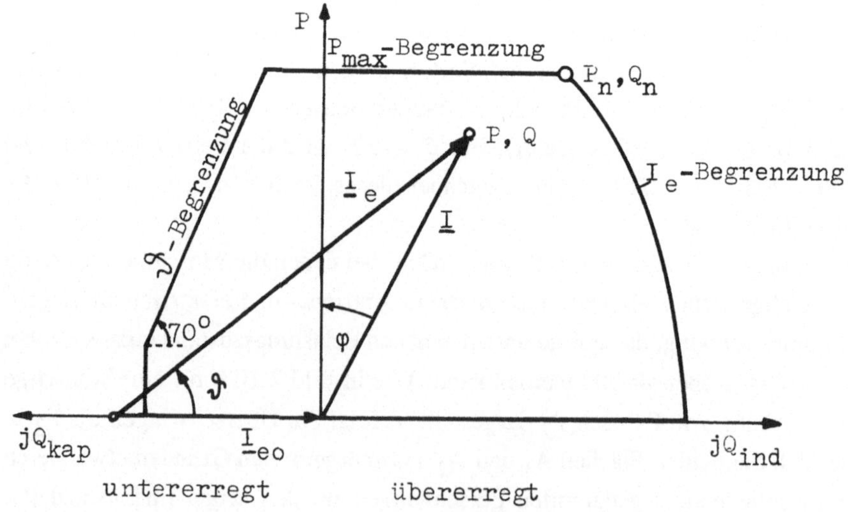

Bild 2.11 Belastungsdiagramm des Synchrongenerators am Netz

Im übererregten Betrieb (induktive Blindleistungsabgabe) wird die Blindleistung Q_{ind} durch den höchstmöglichen Erregerstrom I_e begrenzt. Die maximale Wirkleistung P_{max} ist nur von der Antriebsleistung (und der Kühlung) abhängig. Der Punkt mit den Koordinaten P_n, Q_n stellt den Nennbetriebszustand dar.

Im untererregten Bereich (kapazitive Blindleistungsabgabe) ergibt sich die Beschränkung der kapazitiven Blindleistung Q_{kap} durch die untere Stabilitätsgrenze in Zusammenhang mit dem maximalen Polradwinkel $\vartheta = 70°$. Die senkrechte Begrenzung am linken Bildrand entsteht durch den kleinstmöglichen Erregerstrom. Aus der Stabilitätsgrenze ergibt sich, daß bei Nennwirkleistung P_n die mögliche kapazitive Last Q_{kap} am kleinsten ist. Häufig wird daher bei großen Maschinen ein zusätzlicher Polradwinkelregler eingesetzt, der - dem Spannungsregler überlagert - auf den Erregerstrom einwirkt.

Jeder **Betriebszustand** (P, Q) innerhalb der im Belastungsdiagramm gekennzeichneten Grenzen ist erreichbar einmal durch Änderung der Antriebsleistung (Wirkleistungsänderung) und zum anderen durch Änderung des Erregerstroms (Blindleistungsänderung). Dabei wird in der Praxis die Antriebsleistung durch den Sollwert des Drehzahlreglers der Antriebsmaschine und der Erregerstrom über den Sollwert für den Spannungsregler des Generators eingestellt.

Bei Aufschaltung des Generators auf das Netz ist eine vorherige **Synchronisierung** des Generators mit dem Netz nötig, um ein stoßfreies Schalten zu erreichen. Nichtsynchrones Einschalten führt zu mechanischer Stoßbelastung der Welle und der Generatorwicklung, die im ungünstigsten Fall eine Schädigung des Maschinensatzes bewirken kann.

Man erreicht eine Synchronisierung, indem man Spannung und Frequenz von Generator und Netz angleicht und in dem Augenblick zuschaltet, in dem die Momentanwerte beider Spannungen übereinstimmen. Ein Zeigersynchronoskop zeigt die entstehende Schwebung zwischen Generator- und Netzspannung bei geringem Frequenzunterschied an, so daß der günstigste Zuschaltpunkt abgelesen werden kann. Zur Schonung der Maschinensätze wird fast ausschließlich ein automatisches Parallelschaltgerät zu diesem Zweck eingesetzt.

Bei einem Kraftwerksgenerator müssen also die erzeugte Spannung und die Frequenz regelbar sein, solange die Maschine nicht mit dem Netz verbunden ist, hingegen ist die Wirk- und Blindleistung zu regeln, wenn sie am Netz ist. Das Netz gibt in letzterem Fall zwar Spannung und Frequenz vor, jedoch nur dadurch, daß sich alle Maschinen, die das Netz speisen, an deren Regelung beteiligen. Es ist also eine kombinierte **Frequenz-Wirkleistungs-Regelung** (bzw. Spannungs-Blindleistungs-Regelung) nötig.

Ein **Parallelbetrieb** mehrerer Generatoren mit definierter Lastaufteilung im Netz ist nur möglich durch Verwendung von Proportionalreglern (P-Regler) mit einer Kennlinie nach Bild 2.12

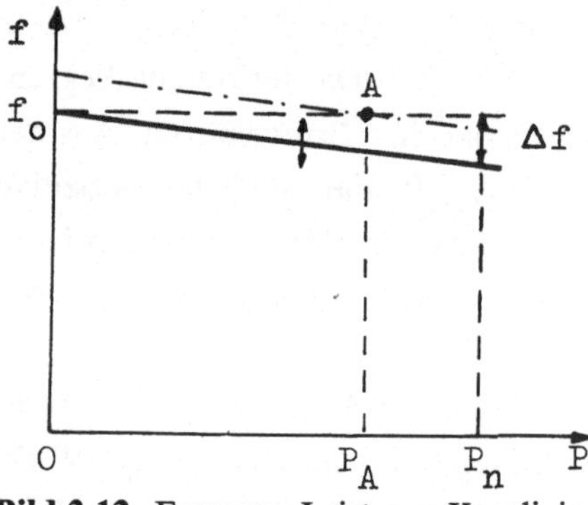

Bild 2.12 Frequenz-Leistungs-Kennlinie

Für die Freqenz-Leistungs-Regelung bedeutet dies, daß die Frequenzkennlinie abhängig von der Wirkleistung geneigt ist. Würde man einen integral wirkenden Regler (I-Regler) mit waagerecht verlaufender Frequenz-Leistungs-Charakteristik verwenden, wäre die Lastaufteilung unter mehreren, parallel geschalteten Generatoren unbestimmt, da keine feste Zuordnung von Frequenz und Leistung bestünde.

Ein Maß für die Kennlinienneigung ist der **Proportionalgrad** p (auch Statik genannt), der nach Bild 2.12 definiert ist als

$$p = \frac{\Delta f}{f_o} \tag{2.7}$$

und den Frequenzabfall bei Nennleistung angibt. Üblich ist p = 5 %; dies bedeutet, bei Inselbetrieb und 50 Hz Nennfrequenz würde sich die Frequenz beim Übergang von Leerlauf auf Vollast um 2,5 Hz verringern. Da die Frequenz des Verbundnetzes als zunächst starr angesehen werden kann, ändert sich bei Parallelbetrieb anstelle der Frequenz die Lastaufteilung der Maschinen entsprechend. Will man eine bestimmte Lastübernahme einer Maschine erreichen, so muß die Reglerkennlinie vertikal (durch Änderung des Sollwerts f_0) verschoben werden. Der Schnittpunkt mit der 50 Hz - Kennlinie bzw. der tatsächlichen Netzfrequenz ergibt dann die von der Maschine übernommene Last P_A.

Beispiel 2.1 In einem Wasserkraftwerk steht der Drehzahlsollwert auf 390 min^{-1}. Welche Bruttoleistung gibt der Generator (Polzahl 2p = 16; P-Grad des Reglers 5 %) dabei ab, wenn seine Nennleistung 300 MW bei 50 Hz beträgt?

Mit Gl. 2.1 ist die Nenndrehzahl des Generators

$$n_n = \frac{f}{p} = \frac{60\ s \cdot 50}{\min \cdot 8 \cdot s} = 375\ \min^{-1}$$

davon 5 % sind 18,75 $\min^{-1}$ für die Nennleistung 300 MW. Der Sollwert steht demnach bei Leerlauf auf 375 $\min^{-1}$ und bei Vollast auf 393,75 $\min^{-1}$. 390 $\min^{-1}$ ergeben dann 15/18,75 der Nennleistung, also 240 MW.

Ändert sich umgekehrt die Netzfrequenz, bestimmt die Reglerkennlinie, wie sich die Belastung dadurch verändert. Je größer der Proportionalgrad p (steile Kennlinie), desto weniger beteiligt sich die betreffende Maschine an der leistungsmäßigen Ausregelung einer Frequenzstörung.

Das Gleiche gilt für die **Spannung** und die **Blindleistungsaufteilung** bei starrer Netzspannung. Die Kennlinie des Spannungsreglers ist abhängig vom Generatorstrom geneigt; dabei ist ein Proportionalgrad von p = 5 bis 8 % üblich.

Betrachtet man nun zwei parallel laufende Generatoren, so ergibt sich die Wirklastaufteilung zwischen ihnen durch den Schnittpunkt der beiden Frequenzkennlinien bei z.B. 50 Hz (Bild 2.13) und die Blindlastaufteilung durch den Schnittpunkt der beiden Spannungskennlinien. Will man die Lastaufteilung ändern, müssen die Kennlinien entsprechend vertikal durch Verändern der Sollwerte verschoben werden (P nach P'). Tritt z.B. eine Lasterhöhung auf, sinkt die Frequenz etwas ab, und beide Maschinen beteiligen sich je nach ihrem Proportionalgrad an der neuen zusätzlichen Leistungslieferung. Soll die Nennfrequenz wieder hergestellt werden, müssen die Reglerkennlinien durch Erhöhung der Drehzahlsollwerte nach oben verschoben werden, bis die gewünschte Frequenz sich einstellt. Bei mehr als zwei parallel arbeitenden Generatoren gilt das gleiche Prinzip.

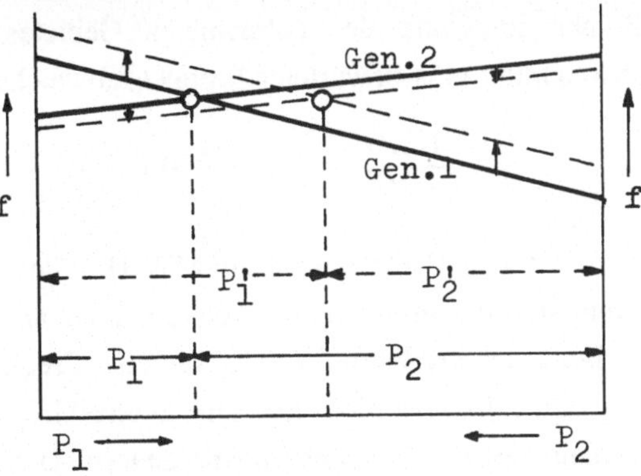

Bild 2.13 Parallelbetrieb

Man bezeichnet diese Leistungsregelung über den Drehzahlregler auch als **Primärregelung**, die als elektronisch-hydraulischer Turbinenregler auf die Dampfventile der Turbine wirkt. Der Drehzahlsollwert kann nun wiederum von einem weiteren, übergeordneten Regler, der **Sekundärregelung**, vorgegeben werden. Dieser kann als langsamerer PI-Regler entweder die Frequenz im Netz oder die Leistung an einer bestimmten Stelle regeln. In diese zweistufige Kaskadenregelung muß noch die Brennstoffregelung mit einbezogen werden.

Wenn also ein Kraftwerksblock einen bestimmten, von der Belastungskurve der Verbraucher vorgegebenen Fahrplan (Grundlast, Mittellast oder Spitzenlast) einhalten soll, wird als Sekundärregler ein PI-Leistungsregler eingesetzt, der seinen Sollwert im allgemeinen vom Lastverteiler erhält. Auch der Einsatz als reiner Frequenzregelblock ist in analoger Weise möglich.

Im Verbundbetrieb aller Kraftwerke werden lediglich einige große Maschinensätze zur Frequenzhaltung herangezogen, die übrigen fahren mit vorgegebener Leistung, wobei die Grundlastkraftwerke 10 % freie Regelleistung erhalten, also nur mit etwa 90 % ihrer Bemessungsleistung belastet sind. Zusätzlich muß die Übergabeleistung an den Schnittstellen der Versorgungsgebiete geregelt werden. Eine solche Regelung wird auch als **Netzkennlinienregelung** bezeichnet. Dabei wird die Summe aller zu- und abfließenden Leistungen eines Gebietes gemessen. Bei Abweichungen vom Sollwert der vereinbarten Übergabeleistung wird die Regelabweichung nur an die Blöcke innerhalb des betrachteten Gebietes gegeben, und zwar als Leistungsabweichung plus bewerteter Frequenzabweichung

$$\Delta P_{ges} = \Delta P + k\,\Delta f \tag{2.8}$$

Darin ist k die Netzkennzahl in MW/Hz. Sie gibt an, wieviel MW ausfallen müssen, damit sich die Frequenz im Netz um 1 Hz ändert.

Bei einer größeren Störung, die eine Frequenzabweichung von mehr als 20 mHz zur Folge hat, werden also alle Drehzahlregler ansprechen und im Rahmen ihrer Genauigkeit die Leistungsabgabe ändern. Danach beginnt der Netzkennlinienregler, in dessen Gebiet die Störung liegt, die Leistungssollwerte im Minutenbereich so zu ändern, daß Frequenz- und Leistungsabweichung zu Null werden.

Sollte die Störung, z.B. bei gleichzeitigem Ausfall mehrerer Kraftwerke, zu einer Frequenzminderung von mehreren Herz führen, tritt ein Stufenplan mit gezielten Lastabschaltungen in Kraft, dessen letzte Stufe die Abschaltung der großen Kraftwerksblöcke bei 47,6 Hz ist. Im störungsfreien Normalfall ist die Frequenzhaltung recht genau, sie beträgt im europäischen Verbundnetz auf Grund der schnellen Regelbarkeit moderner Kraftwerksblöcke +/- 0,03 Hz.

2.5 Generatorschutz

Schutzeinrichtungen sollen vor den **Auswirkungen** eines Generatorfehlers schützen; den Fehler selbst können sie nicht verhindern, da sie ihn als Ansprechkriterium benötigen. Das Schutzgerät ist ein Relais (heute meist in elektronischer bzw. digitaler Ausführung), das - an Strom- und/oder Spannungswandler angeschlossen - den zu überwachenden Wert ständig mißt und bei Über- oder Unterschreitung eines eingestellten Wertes Auslösebefehl an den zugehörigen Leistungsschalter und Meldung gibt (Bild 2.14).

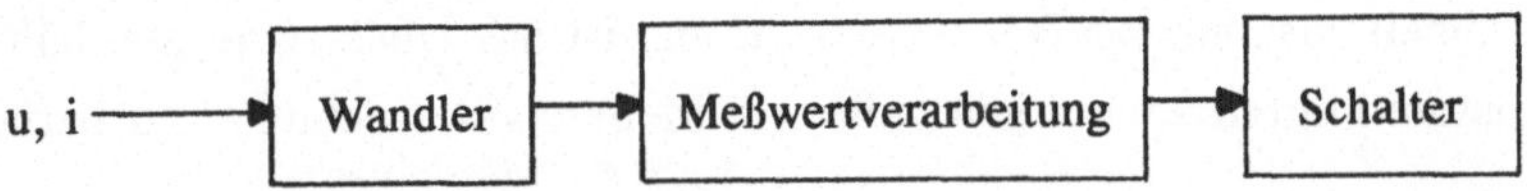

Bild 2.14 Prinzipieller Aufbau eines Schutzsystems

Da das zu schützende Objekt - der Generator - ein wichtiger Teil des Kraftwerks ist, wird relativ großer technischer Aufwand bezüglich Genauigkeit und vor allem Ansprechsicherheit getrieben. Dabei ist die **Selektivität** des Schutzes besonders wichtig; das bedeutet ganz allgemein, daß jeweils nur derjenige Anlagenteil abgeschaltet wird, der von der Störung betroffen ist. Im vorliegenden Fall des Generatorschutzes soll die Fehlerart selektiv erfaßt werden; jeder Fehlerart wird daher ein gesondertes Schutzrelais zugeordnet.

Die hauptsächlichen **Schutzeinrichtungen** am Kraftwerksgenerator werden nachstehend erläutert. Dabei wird unterschieden zwischen inneren Fehlern, das sind Störungen in der Maschine selbst, und äußeren Fehlern, deren Ursache außerhalb des Generators liegt.

2.5.1 Innere Fehler

Der wichtigste Schutz des Generators ist der **Differentialschutz**, dessen Prinzip in Bild 2.15 zu sehen ist. Durch Vergleich der über besondere Stromwandler gemessenen Ströme I vor und hinter dem Generator (Sternpunkts- und Ableitungsseite) werden Wicklungsschlüsse (und Doppelerdschlüsse) im Generatorständer erfaßt. Sind beide Ströme nicht gleich, wird der Generator ohne Zeitverzögerung (Ansprechzeit nur ca. 20 ms) vom Netz getrennt und schnellentregt. Wenn ein Differentialschutz eingesetzt

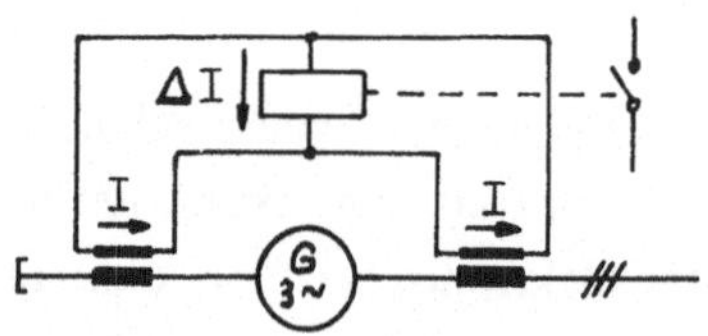

Bild 2.15 Differentialschutz

werden soll (nur bei ganz kleinen Maschinen wird darauf verzichtet), muß der Generator so gebaut sein, daß der Sternpunkt der Ständerwicklung aus dem Generatorgehäuse herausgeführt ist, damit die nötigen Stromwandler außerhalb des Generators (teilweise auch in der Durchführung durch das Gehäuse) eingebaut werden können.

Der Generator-Differentialschutz kann auch mit dem Differentialschutz des Blocktransformators und des Eigenbedarfstransformators zu einer Einheit zusammengefaßt werden. Dabei ist das Übersetzungsverhältnis der Transformatoren durch Zwischenwandler im Meßkreis des Schutzes zu berücksichtigen.

Grundsätzlich gilt, daß stets der zwischen den entsprechenden Stromwandlern liegende Bereich geschützt wird (**Schutzbereich**); außerhalb dieses Anlagenteils auftretende Fehler führen nicht zum Ansprechen des Differentialschutzes, was durch spezielle Stabilisierungsschaltungen sichergestellt wird. Da die Stromwandler auch bei Kurzschlüssen (und besonders dann) richtig übersetzen müssen, werden sie mit großen Überstromkennziffern ausgestattet ($n > 10$); auch spezielle Linearwandler sind im Einsatz. Der Einstellwert des Differenzstroms, bei dessen Überschreiten der Schutz anspricht, wird meist zu etwa 20 % des Nennstroms gewählt.

Der **Ständererdschlußschutz** soll bei Erdfehlern (Masseschluß) in der Wicklung des Generators ansprechen und damit Schäden am Blechpaket vermeiden. Um den Erdschlußstrom klein zu halten, wird in der Regel der Generatorsternpunkt nicht geerdet. Bei Erdschluß tritt daher eine Verlagerung des Spannungssternpunktes auf. Diese Unsymmetrie des Drehstromsystems, die im fehlerfreien Betrieb nicht vorhanden ist, kann an der "offenen" Dreieckswicklung eines Erdungstransformators gemessen und dem Schutzrelais zugeführt werden (Bild 2.16). Da bei Erdschlüssen in der Nähe des Wicklungssternpunkts die Verlagerungsspannung zu klein ist, kann ein derartiger Schutz nur ca. 80 % der Ständerwicklung überwachen. Für den restlichen Wicklungsteil kann entweder die 3. Oberschwingung der Spannung, die bei Erdschluß stärker ausgebildet ist, herangezogen werden

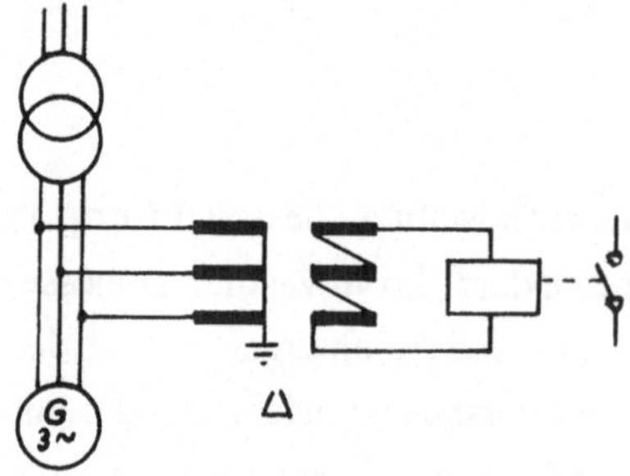

Bild 2.16 Ständererdschlußschutz

(schwierige Einstellung), oder man "verspannt" den Sternpunkt mit einer kleinen Spannung, die bei Erdschluß einen kleinen, aber meßbaren Strom über die Fehlerstelle treibt.

Zwei Fälle sind zu unterscheiden: Ist der Generator - wie bei größeren Einheiten üblich - durch einen zugehörigen Blocktransformator galvanisch vom Netz getrennt (**Blockschaltung**), kann nach Bild 2.16 die Verlagerungsspannung allein als Erdschlußkriterium herangezogen werden.

Wenn jedoch der Generator unmittelbar auf derselben Spannungsebene ins Netz einspeist (**Sammelschienenschaltung**, bei kleineren Industriekraftwerken anzutreffen), muß durch einen Richtungsentscheid mit Hilfe einer Strom- und Spannungsmesung die Selektivität sichergestellt werden, d.h. ein Generatorfehler von einem Netzfehler unterscheidbar gemacht werden. Es wird dazu neben der Verlagerungsspannung, die wieder von einem Erdungstransformator mit Dreieckswicklung kommt, noch der Erdschlußstrom benötigt, der über Summenstromwandler (z.B. Kabelumbauwandler) erhalten wird. Aus beiden Werten kann dann mit einer entsprechenden Schaltung die Richtung des Erdschlußstroms ermittelt werden. Eine derartige Erdschlußüberwachung ist in Bild 2.19 enthalten.

Da bei reinem Windungsschluß in einer Phase der Differentialschutz wegen zu kleinen Differenzstroms nicht anspricht, erhalten einige Generatoren zusätzlich einen **Windungsschlußschutz**, der ebenfalls die Verlagerungsspannung als Ansprechkriterium verwendet. Jedoch muß dann der Sternpunkt des Erdungstransformators mit dem Generatorsternpunkt verbunden sein. Dabei tritt verstärkt die 3. Oberschwingung auf, die herausgefiltert wird. Sollten je Phase zwei Wicklungsstränge im Generator vorgesehen sein, kann ein **Querdifferentialschutz** Anwendung finden, der einen Stromvergleich zwischen den beiden Wicklungen einer Phase vornimmt.

Der **Läufererdschlußschutz** (Bild 2.17) gibt meist nur eine Meldung zur zentralen Steuerwarte, weil ein Erdschluß in der normalerweise nicht geerdeten Erregerwicklung des Generatorläufers nur einen sehr kleinen Erdschlußstrom zur Folge hat und daher keine unmittelbare Gefahr darstellt. Erst ein zweiter Fehler, der dann allerdings vom Schutz nicht mehr erkannt werden kann, gefährdet den Läufer.

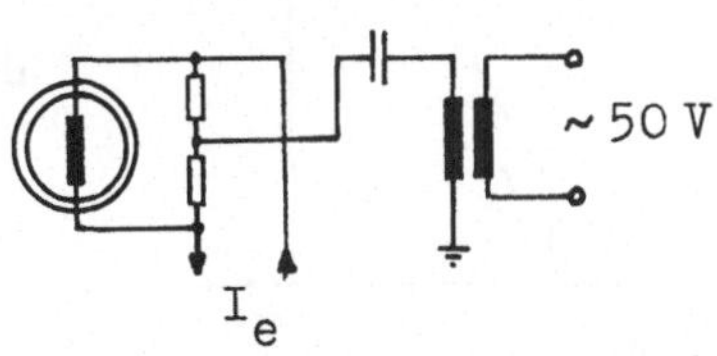

Bild 2.17 Läufererdschlußschutz

Die Wirkungsweise des Läufererdschlußschutzes beruht auf der Messung des Isolationswiderstands der Läuferwicklung mittels

Verspannung der Läuferwicklung gegen Erde (kleine Wechselspannung 30 - 50 V). Der dadurch über die Läuferkapazität fließende Strom liegt im mA-Bereich. Erst bei Auftreten eines Masseschlusses in der Erregerwicklung steigt er stark an und kann als Ansprechkriterium des Schutzes verwendet werden. Das Läufereisen wird meist über eine besondere Erdungsbürste auf der Welle wirksam geerdet. Der Einstellwert ist der gemessene Strom bei einem Erdwiderstand von ca. 1000 Ohm.

2.5.2 Äußere Fehler

Bei Überlast des Generators soll der **Überlastschutz** eine zu große Erwärmung der Wicklung vermeiden. Er wird mit dem entsprechenden Netzschutz zeitlich gestaffelt, und zwar so, daß er als Reserveschutz erst bei Versagen des Netzschutzes wirksam wird (längste Zeitverzögerung). Hierzu wird ein Überstrom-Zeit-Schutz eingesetzt, bei dem sich Strom und Zeit getrennt einstellen lassen. Der Ansprechwert des Stroms wird, wie bei Überstromrelais üblich, auf etwa 1,4 I_n eingestellt.

Der **Rückleistungsschutz** soll nicht den Generator, der - ohne Schaden zu nehmen - als Motor betrieben werden kann, sondern die Antriebsmaschine schützen. Wenn nämlich beispielsweise in einem Dampfkraftwerk bei normalem Betrieb die Dampfversorgung ausfällt, der Generator aber am Netz bleibt, tritt eine Überhitzung der Schaufeln im Niederdruck-Teil der Turbine ein, weil die Dampfströmung fehlt. Da dieser Zustand (auch bei anderen Antriebsmaschinen wie Dieselmotoren und Gasturbinen) unbedingt vermieden werden muß, wird die Leistungsrichtung ständig vom Rückleistungsschutz überwacht; bei Umkehrung der Leistungsrichtung wird bei etwa 2 % der Nennleistung mit einer Zeitverzögerung von einigen Sekunden Auslösebefehl für den Generatorschalter gegeben.(Die Zeitverzögerung ist nötig, um ein Ansprechen des Rückleistungsschutzes beim Parallelschalten des Generators mit dem Netz zu vermeiden).

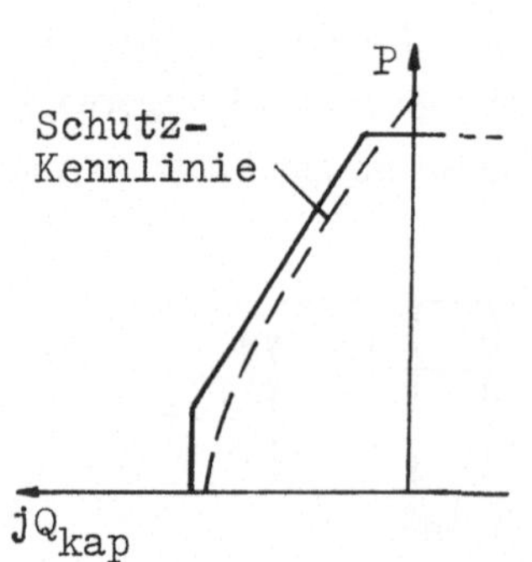

Bild 2.18 Untererregungsschutz

Wie aus dem in Abschnitt 2.4 näher behandelten Belastungsdiagramm des Synchrongenerators hervorgeht, kann dieser im untererregten Betrieb, also bei kapazitiver Leistungsabgabe, nur gering belastet werden. Es besteht daher, vor allem bei

Vollast und Ansteigen der Spannung im Netz, die Gefahr des Außertrittfallens des Generators wegen zu geringer Erregung. Um dies zu verhindern, wird im **Untererregungsschutz** die zulässige Stabilitätskennlinie durch eine Hyperbel (Schutzkennlinie in Bild 2.18) oder bei analog-elektronischer bzw. digitaler Ausführung auch direkt als Polygonzug nachgebildet. Bei Unterschreitung wird der Generator nach einer Vorwarnzeit, die dem Bedienungspersonal oder der Automatik Gelegenheit zur Erhöhung der Erregung gibt, vom Netz getrennt. Diese Schutzeinrichtung findet sich, ebenso wie die nachfolgend beschriebenen, vor allem bei größeren Maschinen.

Gegen zu hohe Generatorspannung wird der **Spannungssteigerungsschutz** eingesetzt, der hauptsächlich bei Versagen des Spannungsreglers im Leerlauf (Generatorschalter offen) wichtig ist. Er besteht aus einem Überspannungsrelais mit nachgeschaltetem Zeitglied und wird auf etwa 135 % der Generatornennspannung eingegestellt. Zusätzlich kann auch die Frequenz der Spannung mit überwacht werden (**Unterfequenzschutz**), um vor allem eine zu hohe Durchflutung im Blocktransformator zu verhindern.

Schließlich soll der **Schieflastschutz** verhindern, daß der Generator längere Zeit mit unsymmetrischer Belastung betrieben wird. Zulässig ist - je nach Bauart - nur etwa 6 bis 12 % Schieflast. Das Schutzgerät mißt das der Schieflast proportionale inverse Drehfeld, das im Läufer hohe Spannungen induziert. Die dadurch verursachten Ausgleichströme, die teilweise über das Läufereisen fließen, wenn keine ausreichende Dämpferwicklung vorhanden ist, können zu unzulässiger Erwärmung des Läufers führen.

Mit Ausnahme des Läufererdschlußschutzes (meist nur Meldung) veranlassen alle Schutzeinrichtungen:

- Ausschalten des Generator-Leistungsschalters
- Umschalten des Eigenbedarfs (s. auch Kap. 3)
- Entregung des Generators
- Turbinen-Schnellschluß
- Meldung zur Warte und zum Rechner

In Sonderfällen kann auch eine andere Zusammensetzung der Auslösebefehle gewählt werden (z.B. nur Ausschalten des Generatorschalters und Meldung bei einem äußeren Fehler, um schnell wieder ans Netz gehen zu können). Bei nur kurzzeitigem Ansprechen des Schutzes erfolgt keine Auslösung, da - abgesehen vom Differentialschutz - eine einstellbare Zeitverzögerung des Auslösebefehls vorhanden ist.

Die zuvor beschriebenen Schutzprinzipien sind grundsätzlich unabhängig von der technischen **Ausführung** der Schutzgeräte. Diese kann sehr unterschiedlich sein: Es gibt sowohl elektro-mechanische als auch analog-elektronische und digitale Geräte, wobei die Digitaltechnik auch hier immer häufiger zum Einsatz kommt, weil die Vorteile einer softwaremäßigen Ausführung der speziellen Anlagegegebenheiten gegenüber einer festen Verdrahtung vor allem bei späteren Änderungen unübersehbar sind. Im übrigen vermeidet jeder elektronische Schutz bewegliche Teile, so daß die Häufigkeit von speziellen Funktionsprüfungen der Relais stark vermindert werden kann.

Weiterhin ist der elektrische Eigenverbrauch elektronischer Schutzrelais sehr gering, und es bereitet (insbesondere bei digitaler Ausführung) keine Schwierigkeiten, auch komplizierte Auslösekennlinien zu verwirklichen. Daher kommen elektromechanische Schutzrelais in Neuanlagen kaum mehr zum Einsatz, sind jedoch wegen ihrer Zuverlässigkeit und langen Lebensdauer noch häufig in Altanlagen zu finden.

Allerdings ist auch auf zwei Nachteile elektronischer Schutzeinrichtungen hinzuweisen: Die Temperaturempfindlichkeit (vor allem in tropischen Einsatzgebieten) sowie die elektro-magnetische Verträglichkeit (EMV), die durch spezielle Maßnahmen sichergestellt werden muß, da sonst Fehlauslösungen des Schutzes möglich sind.

Eine Einbeziehung des Generatorschutzes in den zentralen Leitrechner, die technisch ohne weiteres möglich wäre, da alle relevanten Meßwerte dort verarbeitet werden, ist problematisch. Bei Ausfall des Rechners sollte der Schutz als letzte Möglichkeit zur Verhinderung größerer Maschinenschäden möglichst autark sein.

Ein Beispiel für den **Aufbau** eines **vollständigen Generatorschutzes** zeigt Bild 2.19. Es handelt sich hier um eine kleinere Maschine von etwa 50 MW Bemessungsleistung, die unmittelbar auf zwei Sammelschienen arbeitet, also ein typisches Industriekraftwerk mit den zuvor beschriebenen Besonderheiten beim Ständererdschlußschutz (Richtungsentscheid). Bei derartigen Anlagen ist häufig der Erdschlußstrom zu klein, um zur Auslösung zu führen, so daß er bei Auftreten eines Fehlers durch Verändern der Belastung des Erdungstransformators künstlich vergrößert werden muß. Die beiden Erdungstransformatoren in dem Beispiel nach Bild 2.19 haben außer der mit dem veränderlichen Widerstand belasteten Dreieckswicklung noch je eine Meßwicklung für die Erfassung der Spannung auf den beiden Sammelschienen. Die Messung des Erdschlußstroms erfolgt über einen Kabelumbauwandler, der die Summe der drei Phasenströme bildet.

Weiterhin enthält das Übersichtsbild neben den in diesem Abschnitt behandelten Schutzeinrichtungen Wandler für die Messung von Generatorstrom und -spannung,

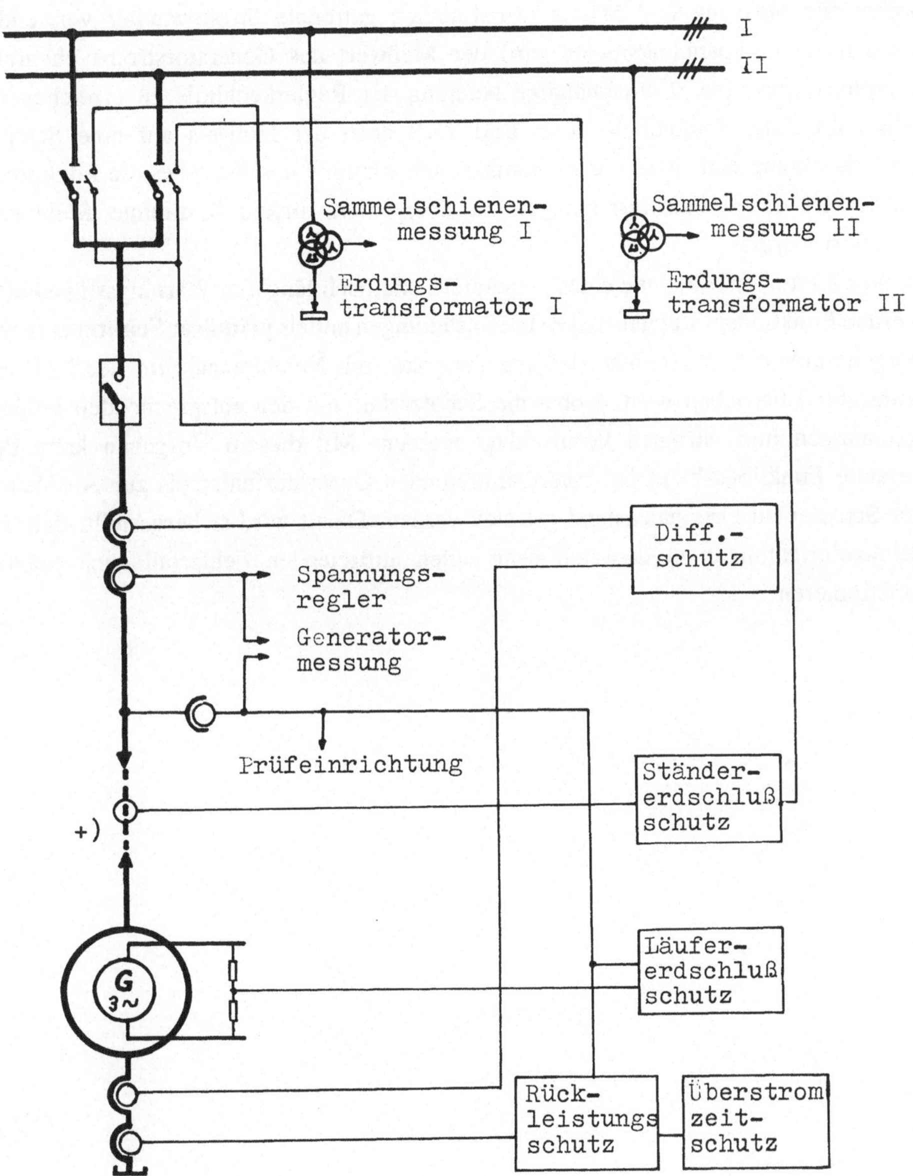

+) Kabelumbauwandler

Bild 2.19 Übersichtsschaltbild eines Generatorschutzes

wobei für Messung und Schutz grundsätzlich getrennte Stromwandler verwendet werden. Dem Spannungsregler wird der Meßwert des Generatorstroms ebenfalls zugeführt, um eine stromabhängige Neigung der Reglerkennlinie zu erreichen (s. Abschnitt 2.4). Schließlich ist in Bild 2.19 noch der Hinweis auf eine Schutzprüfeinrichtung enthalten, die es erlaubt, auch während des Betriebes die Funktionstüchtigkeit der Schutzeinrichtungen zu überprüfen, indem bestimmte Meßwerte simuliert werden.

Vor Erstinbetriebnahme eines Generators und nach längeren Wartungsstillständen werden Funktionsprüfungen und Relaiseinstellungen mittels **primärer Schutzversuche** vorgenommen. Das bedeutet, daß der Generator mit Nenndrehzahl im Leerlauf und Kurzschluß betrieben wird, wobei die Schutzrelais mit den entsprechenden Fehlerspannungen und -strömen beaufschlagt werden. Mit diesem Vorgehen kann der gesamte Funktionsablauf bei einem eintretenden Generatorfehler bis zur Auslösung der Schalter im Originalzustand getestet werden. Damit wird sichergestellt, daß die Schutzeinrichtungen in dem nur sehr selten auftretenden Fehlerfall auch präzise funktionieren.

3. Elektrische Kraftwerksausrüstung

3.1 Eigenbedarf

Elektrische Antriebe im Kraftwerk für die Zufuhr von Brennstoff, Luft, Wasser sowie elektrische Anlagen für Steuerung, Messung, Überwachung, Beleuchtung usw. benötigen Leistung. Deshalb wird ein Teil der erzeugten elektrischen Energie im Kraftwerk selbst verbraucht. Dieser **Kraftwerkseigenbedarf** wird meist von der Eigenerzeugung zwischen Generator und Blocktransformator abgezweigt und stellt somit, abgesehen von den vergleichsweise kleinen Verlusten im Blocktransformator, die Differenz zwischen Brutto- und Nettoleistung dar (s. auch Bild 1.4).

Die Eigenbedarfsleistung hängt von der Größe und Art des Kraftwerksblocks ab und ist auf mehrere **Spannungsebenen** verteilt:

- **Drehstromanlage** 6 oder 10 kV für größere Antriebe, hauptsächlich Asynchronmotorem von etwa 200 kW bis zu mehreren MW;

- **Drehstromanlage** 400 V (auch 525 oder 690 V) für kleinere Antriebe unter 200 kW und Beleuchtung;

- **Wechsel- und Gleichstromanlagen** für Messung, Steuerung und Regelung.

Bei Dampfkraftwerken beläuft sich die gesamte installierte Leistung des Eigenbedarfs (abgekürzt EB) auf 10 bis 15 % der Kraftwerksnennleistung, bei stationärem Dauerbetrieb werden etwa 5 bis 7 % benötigt (Gleichzeitigkeitsfaktor).

Größter EB-Verbraucher ist in einem konventionellen Dampfkraftwerk die Kesselspeisepumpe, die entweder elektrisch oder auch mit einer eigenen kleinen Dampfturbine angetrieben werden kann. Im zweiten Fall ist der elektrische Eigenbedarf des Blockes etwas kleiner, der gesamte Nettowirkungsgrad der Anlage bleibt aber ungefähr gleich, da die Dampferzeugung entsprechend vergrößert werden muß.

In Bild 3.1 ist die prinzipielle Schaltung der **Eigenbedarfsversorgung** für einen **Dampfkraftwerksblock** von 150 MW dargestellt. Zu einem Block gehören Dampfkessel, Turbine, Generator und Transformator. Die Hauptverbraucher werden wegen

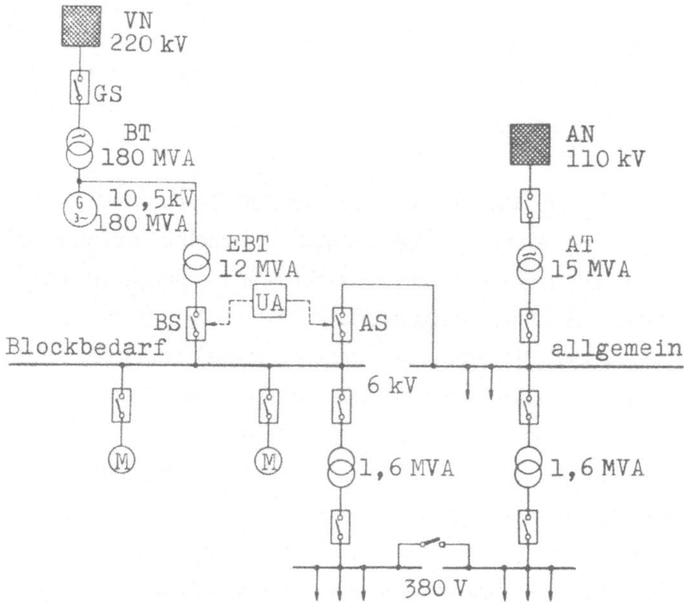

Bild 3.1 Eigenbedarfsversorgung eines Dampfkraftwerks

ihrer Leistungsgröße über die 6 kV - Schiene versorgt. Da in einem Kraftwerk mit mehreren Blöcken nicht nur der zu dem einzelnen Machinensatz gehörige (blockbezogene), sondern auch allgemeiner Eigenbedarf, z.B. Beleuchtung, vorhanden ist, kann man die Sammelschiene entsprechend aufteilen (Blockschiene und allgemeine EB-Schiene).

Ein größerer Kraftwerksblock kann ohne Energiezufuhr von außen nicht angefahren werden. (Nur kleine Anlagen, beispielsweise Dieselaggregate, starten über eine Batterie). Für diese während des Anfahrvorgangs benötigte Leistung ist nach Bild 3.1 ein **Anfahrnetz** AN nötig, das über einen eigenen Anfahrtransformator AT den allgemeinen und den Blockeigenbedarf versorgt (Anfahrschalter AS geschlossen, Blockschalter BS offen). Sobald der Generator am Netz ist (Generatorschalter GS geschlossen) und eine Leistungsabgabe von etwa 20 % erreicht ist, wird durch eine **Schnellumschaltautomatik** UA die Versorgung des Blockeigenbedarfs praktisch unterbrechungslos auf den Eigenbedarfstransformator EBT umgeschaltet, dessen Primärseite zwischen Generator G und Blocktransformator BT angeschlossen ist. Hierbei wird von der Automatik der Anfahrschalter AS geöffnet und gleichzeitig der

Blockschalter BS geschlossen. Dieser Zustand stellt den Normalbetrieb am Netz dar. Bei Stillsetzen des Turbosatzes muß der Eigenbedarf wieder auf das Anfahrnetz AN zurückgeschaltet werden (s. auch Abschn. 2.5.2).

Wird der Generatorschalter GS, beispielsweise wegen eines Fehlers im Netz, nur vorübergehend geöffnet, kann der Generator auch ausschließlich den Eigenbedarf weiterversorgen ("Abschaltung auf Eigenbedarf"); dabei wird der Eigenbedarf also nicht auf das Anfahrnetz AN umgeschaltet. Man fährt diesen Betriebszustand immer dann, wenn der Generator nach kurzer Zeit wieder ans Netz gehen soll.

Bei allen größeren Kraftwerken ist auch eine **Notstromschiene** vorgesehen. Diese soll bei Ausfall sowohl der Kraftwerksgeneratoren als auch des Anfahrnetzes sicherstellen, daß ein geordnetes Abfahren des Kraftwerks bis zum Stillstand aller Anlagenteile möglich ist und einige unerläßliche Verbraucher weiter in Betrieb bleiben (z.B. Ölversorgung der Turbine, Notbeleuchtung).

Die Versorgung dieser Notstromschiene erfolgt über einen Dieselgenerator, der als Notstromaggregat bei Spanungsausfall automatisch startet und die Notstromverbraucher nach einem speziellen Programm speist. Bei Kernkraftwerken kommt diesem Notstrombetrieb besondere Bedeutung zu, da der Kernreaktor wegen der nach einer Abschaltung auftretenden Nachzerfallswärme weiter gekühlt werden muß. Daher sind in diesem Fall meist mehrere, örtlich voneinander getrennte Dieselgeneratoren mit einer Leistung von mehreren MW vorgesehen.

In **Wasserkraftwerken** ist der für den Eigenbedarf aufzuwendende Leistungsanteil erheblich kleiner als in Dampfkraftwerken. Er liegt bei nur 1 % der Kraftwerksleistung, da die zahlreichen Hilfsantriebe zur Aufrechterhaltung des Dampfkreislaufs beim Wasserkraftwerk entfallen. Ähnliches gilt für Gasturbinen, die fast ohne Hilfsaggregate auskommen und aus diesem Grunde auch kaum Eigenbedarfsleistung benötigen.

Eine nicht unbedeutende Vergrößerung der Eigenbedarfsleistung einer Stromerzeugungsanlage kann eintreten, wenn kein Kühlwasser zur Verfügung steht, und die Rückkühlung des internen Kühlwasserkreislaufs über ventilatorbetriebene Wasser-Luft-Kühler erfolgt. Dies ist speziell bei **Dieselgeneratoren** häufig der Fall, da sie nicht selten an Standorten ohne Wasserdarbietung zu finden sind. Weil erhebliche Antriebsleistungen für die Ventilatoren erforderlich sind, kann der Eigenbedarfsanteil an der erzeugten elektrischen Generatorleistung bis auf 12 % im Dauerbetrieb ansteigen. Der Nettowirkungsgrad, der den Eigenbedarf enthält, ist dann entsprechend kleiner.

3.2 Überwachung und Steuerung

Die Einrichtungen zur Messung, Steuerung und Regelung der Kraftwerkskomponenten bezeichnet man mit einem zusammenfassenden Begriff auch als **Leittechnik**. Da die Abläufe vor allem in einem Dampfkraftwerk sehr komplex sind (es werden ca. 1000 Daten zur Beschreibung des Betriebszustands und weitere etwa 1500 Gefahrmeldungen benötigt), werden sie meist automatisch durch leittechnische Einrichtungen gesteuert. Dabei ist die **Automatisierung** zunächst in Teilbereichen eingeführt worden. Bei einer Vollautomatik besteht grundsätzlich die Schwierigkeit, alle möglichen Betriebs- und Fehlerzustände, auch in ihren fast unübersehbaren Kombinationen, vorzuprogrammieren. Daher ist der Mensch noch immer ein unersetzbarer, wenn auch nicht selten unvollkommener, Partner bei der Kraftwerksführung. Expertensysteme sollen ihn zukünftig weitgehend entlasten.

Der Kraftwerksprozeß im Dampfkraftwerk zerfällt in ca. 50 Einzelprozesse, die meist relativ unabhängig voneinander sind. Daher ist es sinnvoll, auch die Prozeßautomatik in Teilautomatiken aufzuteilen. Man nennt dieses System, das sich im praktischen Betrieb sehr bewährt hat, **Funktionsgruppen-Automatik**. Sie erlaubt, die einzelnen Teilautomatiken entweder von Hand oder von einer übergeordneten Leitebene (Lastverteiler, Leitrechner) in Betrieb zu nehmen oder auch auszuschalten. Bei einer Störung in der automatischen Steuerung einer Funktionsgruppe kann diese daher von Hand gefahren werden, während der restliche Prozeß weiterhin automatisch fährt. Die Bausteine der Funktionsgruppen-Automatiken sind weitgehend standardisiert. Die Zusammenschaltung erfolgt in mehreren, hierarchisch strukturierten Ebenen. Ein Beispiel dafür aus dem Bereich des Dampfkessels ist in Bild 3.2 zu sehen.

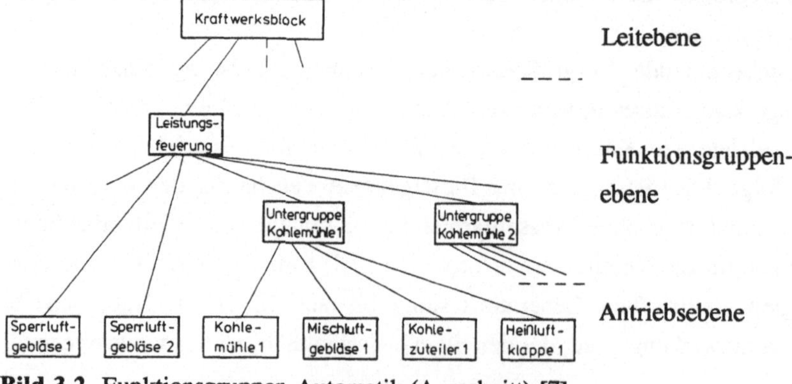

Bild 3.2 Funktionsgruppen-Automatik (Ausschnitt) [7]

Den grundsätzlichen Aufbau der leittechnischen Anlagenteile zeigt Bild 3.3. Danach kann man drei große Bereiche unterscheiden: Die zentrale Warte, die Verarbeitung von Befehlen und Informationen in den Automatisierungsgeräten sowie den Prozeß mit Stellgliedern und Meßwert-Gebern.

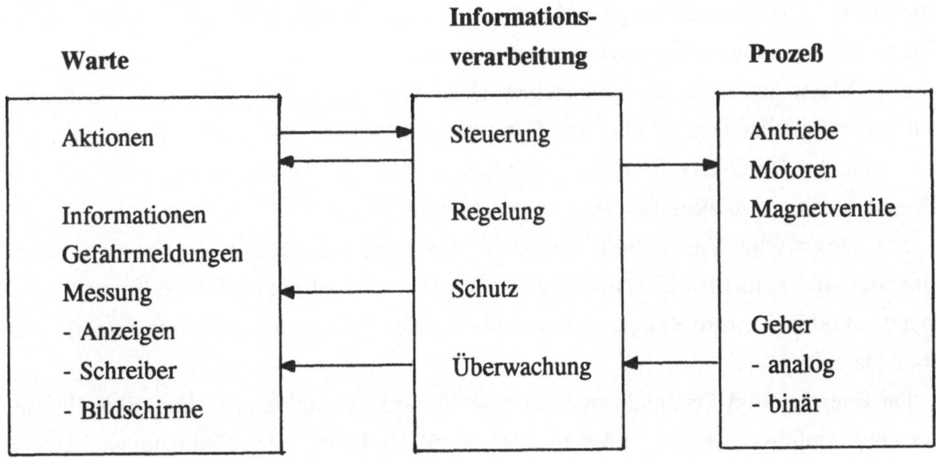

Bild 3.3 Leittechnik an einem Kraftwerksblock

Im Prozeß liefern die **Geber** (Sensoren) analoge oder binäre Daten des jeweiligen Istzustands, die auch digital, z.B. über Lichtwellenleiter für bessere Störsicherheit, übertragen werden können. Sie stellen den anfälligsten Teil der Kette dar, weil sie vor Ort vielfältigen Umwelteinflüssen wie mechanischen Schwingungen, hohen Temperaturen, Schmutz etc. ausgesetzt sind.

Die eigentlichen leittechnischen Automatisierungsgeräte zur **Verarbeitung** von Daten und Befehlen (in analog-elektronischer oder digitaler Ausführung) sind in einem speziellen Raum in der Nähe der Warte untergebracht sind. Sie beinhalten in der Hauptsache Steuerungs- und Regelungseinrichtungen sowie die Überwachung auf Grenzwerte.

Die **Warte** stellt den zentralen Steuerungs- und Überwachungsraum dar, in dem alle relevanten Meldungen, Daten und Befehle zusammenlaufen. Sie ist häufig aufgeteilt in einen maschinentechnischen und einen elektrotechnischen Teil. Von hier kann die Anlage ferngesteuert gefahren werden, entweder von Hand oder automatisch. Die Betriebszustände werden entweder über Anzeigegeräte oder über Bildschirme, die von einem zentralen Prozeßrechner angesteuert werden, dem Bedienungspersonal ständig oder auf Anforderung angegeben. Im Rechner ist eine Hierarchie von Bedienungsbildern abgelegt, die vom Personal jederzeit abgerufen und mit den neuesten Anlagendaten versehen angezeigt werden können. Durch optische und akustische Gefahrmeldungen werden kritische Zustände einzelner Anlagenteile angezeigt. Alle ein- und ausgehenden Daten werden vom Rechner protokolliert, damit Störungen schneller aufgeklärt werden können.

Die Warte ist nach ergonomischen Gesichtspunkten aufgebaut, um Fehlbedienungen möglichst auszuschließen. Dem gleichen Zweck dient ein meist zusätzlich vorhandenes Blindschaltbild der wichtigsten Teile der Anlage, das eine schnelle Übersicht über den aktuellen Betriebszustand vermittelt.

Die elektrische Verbindung zwischen den leittechnischen Komponenten untereinander und zum Prozeß erfolgt entweder über konventionelle Verdrahtung, wobei meist ein oder mehrere Rangierverteiler als zentrale Verschaltungspunkte dienen, oder über Datenbus.

Da Energie- und Datenleitungen in einer derartig komplexen Anlage nicht immer getrennt geführt werden können, ist dem Problem der Elektromagnetischen Verträglichkeit (EMV), also der Unempfindlichkeit aller Geräte gegenüber elektromagnetischen Störungen, die im Kraftwerk wegen des Auftretens großer Feldstärken und Ströme nicht zu vermeiden sind, besondere Aufmerksamkeit zu widmen, um Fehlfunktionen besonders der elektronischen Geräte auszuschließen.

4 Kraftwerksarten

4.1 Primärenergieeinsatz zur Stromerzeugung

Elektrizität ist eine **Sekundärenergie**, die aus Primärenergie durch Umwandlung gewonnen werden muß. Man spricht daher statt von elektrischer Energieerzeugung besser von Strom- oder Elektrizitätserzeugung. In den Kraftwerken, die demgemäß Energieumwandlungsanlagen sind, werden eine Reihe von Primärenergieträgern, wie Kohle, Öl, Gas, Uran, eingesetzt, um diese in den Sekundärenergieträger Strom umzuwandeln. Dementsprechend gibt es auch unterschiedliche Arten der Energieumwandlung und damit unterschiedliche Kraftwerkstypen.

Welchen Anteil die einzelnen Primärenergieträger an der (west)deutschen Elektrizitätserzeugung haben, zeigt Bild 4.1 am Beispiel eines charakteristischen

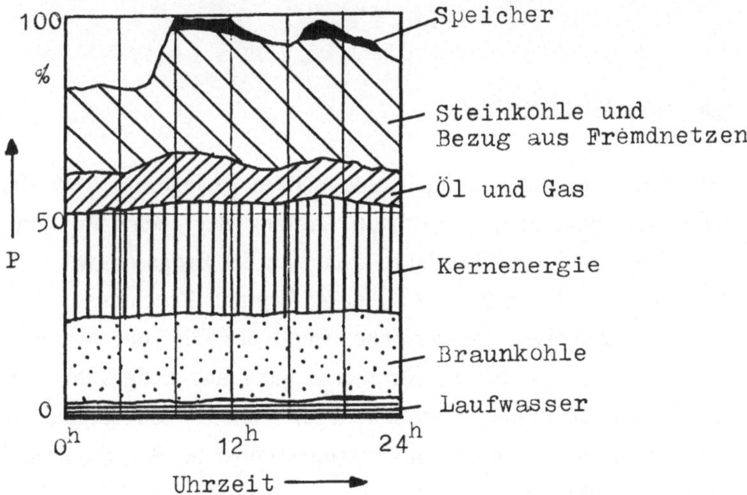

Bild 4.1 Stromerzeugung und Primärenergieträger

Wintertages. Wie in Abschnitt 1.2 bereits grundsätzlich erläutert, werden Kernkraft, Braunkohle und Laufwasser für die Deckung des Grundlastbedarfs eingesetzt (geringe Schwankungen über den Tagesverlauf). Steinkohle, Öl, Gas und Bezug aus Fremdnetzen decken den relativ stark schwankenden Mittellast- und teilweise auch den unteren Spitzenlastbedarf, während Speicher (hauptsächlich Wasser) die Energie für die äußersten Spitzen liefern.

Die Entwicklung des **Primärenergieeinsatzes** für die Stromerzeugung in der Bundesrepublik Deutschland über drei Jahrzehnte hinweg ist in Bild 4.2 zu sehen.

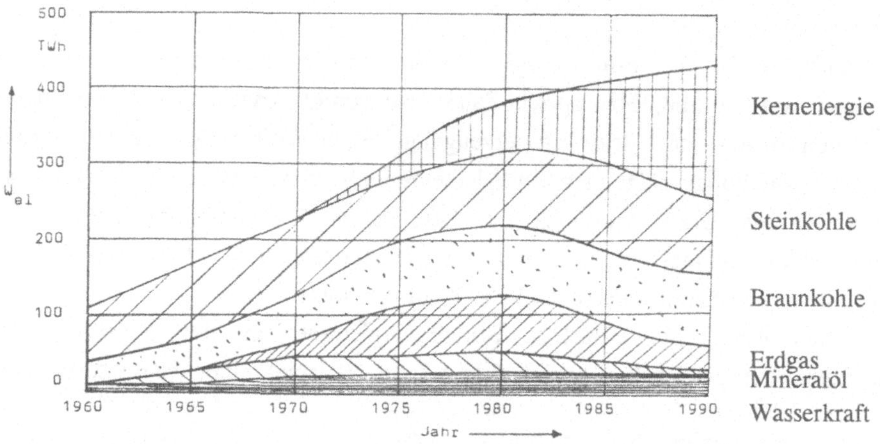

Bild 4.2 Primärenergieeinsatz 1960 - 1990

Danach haben bis 1960 im wesentlichen die Kohle und in geringerem Maß die Wasserkraft zur Elektrizitätserzeugung beigetragen. Anfang der sechziger Jahre beginnt der Einsatz des Erdöls und etwa fünf Jahre später der des Erdgases, während die Kernkraft ab 1970 einen merkbaren Beitrag zu leisten beginnt. Beachtenswert ist der mit nur etwa 2 % zur Zeit recht bescheidene Anteil des Öls, der fast ausschließlich aus Schweröl besteht. Auch die Stromerzeugung aus Erdgas hat aus Kostengründen in den achtziger Jahren erheblich abgenommen, wohingegen die Hauptsäulen der deutschen Stromerzeugung - mit zusammen über 80 % - Kohle und Kernenergie sind (s. auch Abschn.1.4).

4.2 Energieumwandlungsprozesse im Kraftwerk

Elektrische Energie wird hauptsächlich in **Wärmekraftwerken** und **Wasserkraftwerken** erzeugt, wobei in Deutschland die Wärmekraftwerke mit rund 96 % (weltweit 75 %) der erzeugten elektrischen Arbeit bei weitem überwiegen.

Zu diesen gehören

- **Dampfkraftwerke** (einschließlich Kernkraftwerke)
- **Gasturbinenkraftwerke**
- **Dieselkraftwerke**

Hier wiederum stellen die Dampfkraftwerke den weitaus größten Anteil und bilden somit die wichtigste Kraftwerksgruppe.

Bei den Wasserkraftwerken kann man unterscheiden

- **Laufwasserkraftwerke**
- **Speicherkraftwerke**
- **Pumpspeicherkraftwerke**

In Bild 4.3 sind die prinzipiellen Schritte bei der Umwandlung von Primärenergie in elektrische Energie einerseits für das Wärmekraftwerk (Dampfkraftwerk) und zum anderen für das Wasserkraftwerk dargestellt. Es fällt auf, daß der Prozeß im Wärmekraftwerk über zwei Zwischenphasen führt, nämlich die thermische und die mechanische, während beim Wasserkraftwerk nur die mechanische Energiestufe vorkommt, die thermische Phase also entfällt. Da in letzterer besonders hohe Verluste anfallen, ist der Wasserkraftwerksprozeß energetisch günstiger. Und so hat das Wasserkraftwerk mit rund 85 % einen wesentlich besseren Gesamtwirkungsgrad als das Wärmekraftwerk, das auf maximal 40 % kommt.

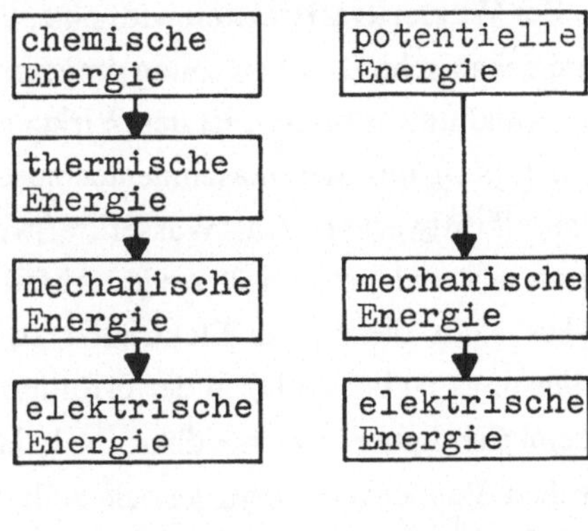

Bild 4.3 Energieumwandlung im Kraftwerk

Eine **Direktumwandlung** findet in beiden Fällen **nicht** statt, was den technischen Aufwand vergrößert und den Wirkungsgrad herabsetzt, da grundsätzlich jede Umwandlung in eine andere Energieform Verluste verursacht.

In **Dampfkraftwerken** wird die chemische Energie fossiler Brennstoffe oder die bei der Kernspaltung von Uran freiwerdende Wärmeenergie zur Erzeugung von Wasserdampf benutzt, mit dem Dampfturbinen angetrieben werden, die ihrerseits dem Antrieb von Synchrongeneratoren dienen. Der Dampferzeuger ist ein Dampfkessel bzw. ein Kernreaktor mit oder ohne Wärmetauscher.

Während bei Dampfkraftwerken ein Zwischenmedium - nämlich Wasserdampf - als Energieträger notwendig ist, verwandeln **Gasturbinen** und **Dieselmotoren** die bei der Verbrennung von Gas oder Öl freiwerdende Energie unmittelbar in Bewegungsenergie für den Antrieb des Stromerzeugers. Kraftwerke dieser Bauart haben jedoch für mitteleuropäische Verhältnisse nur relativ kleine Leistungen (bis etwa 150 MW für Gasturbinen und 30 MW für Dieselmotoren), so daß ihr Anteil an der Stromerzeugung hierzulande gering ist. Allerdings können derartige Anlagen in Sonderfällen - beispielsweise kleinere Inselnetze in Entwicklungsländern - auch den Hauptanteil an der Kraftwerkskapazität bilden.

Zur Erhöhung des Wirkungsgrades können Gasturbinen und Dampfturbinen in einem kombinierten Prozeß zusammengeschaltet werden, wobei die Abwärme der Gasturbine zur Dampferzeugung benutzt wird (GUD-Kraftwerk, Näheres in Kapitel 6).

Bei **Wasserkraftwerken** wird potentielle bzw. kinetische Energie relativ verlustarm in mechanische Drehbewegung umgeformt. Da praktisch nur Reibungsverluste bei der Umwandlung auftreten, ist der Wirkungsgrad dieser Art der Stromerzeugung deutlich höher (s.o) und der maschinentechnische Aufwand auch wesentlich kleiner als bei Dampfkraftwerken. Das Wasserkraftwerk kommt außerdem ohne erhöhte Temperaturen aus und produziert weder Abfall noch Abwärme in nennenswertem Umfang, daher stellt diese Art, Elektrizität zu erzeugen, eine recht optimale Lösung dar. Allerdings ist bei Anlagen der erforderlichen Größenordnung eine gewisse Umweltbeeinträchtigung unvermeidbar, die beim Wasserkraftwerk in der Notwendigkeit eines großen Staubeckens liegt; jedoch stellt ein Speichersee immer eine deutlich geringere Umweltbelastung dar als der Ausstoß von Luftschadstoffen (im Kohlekraftwerk) oder der Anfall von radioaktiven Abfallstoffen (im Kernkraftwerk).

Trotz dieser Vorteile kommen nur ca 4 % der deutschen Stromproduktion aus Wasserkraftwerken, was daran liegt, daß in Mitteleuropa die Wasserkräfte fast vollständig ausgebaut sind, und damit eine weitere Steigerung nicht möglich ist. Der prozentuale Anteil der Stromerzeugung aus Wasserkraft wird also bei steigendem Energieverbrauch sogar noch leicht abnehmen. Außerhalb Mitteleuropas gibt es aber noch erhebliche Ausbaureserven für Wasserkraftanlagen.

Energie-Direktumwandlung ist in Solarzellen, Brennstoffzellen und magnetohydrodynamischen Kraftwerken (MHD-Prinzip) möglich, hat aber für die Elektrizitätsversorgung (noch) keine Bedeutung. Die Anwendung von Solarzellen (s. Kap.5) hat sich aus Kostengründen noch nicht auf breiter Front durchgesetzt. Die Brennstoffzelle bleibt auf Sonderfälle, wie die Raumfahrt, beschränkt und das MHD-Prinzip befindet sich erst im Stadium der Vorentwicklung, die Arbeiten daran sind zudem in den meisten Ländern als nicht aussichtsreich eingestellt worden.

Nachfolgend werden nun die wichtigsten Kraftwerksarten beschrieben, die für die Stromversorgung von Bedeutung sind. Da hierbei nicht nur die Elektrotechnik, sondern auch Maschinenbau und Verfahrenstechnik eine große Rolle spielen (ein Kraftwerk ist ein gutes Beispiel für das Zusammenwirken verschiedener technischer Fachgebiete in einem Projekt), werden der prinzipielle Aufbau und die Wirkungsweise sowie die Ausnutzung der Primärenergie im Mittelpunkt der Betrachtungen stehen.

4.3 Dampfkraftwerke

4.3.1 Prinzip und Aufbau

Das **konventionelle Dampfkraftwerk** stellt, wie schon erwähnt, den bei weitem häufigsten Kraftwerkstyp dar. Es wird mit Kohle, Öl oder Gas betrieben. Diese Brennstoffe werden in einem Dampfkessel verbrannt, und mit der entstehenden Verbrennungswärme wird entionisiertes Wasser verdampft. Durch Überhitzung wird die Dampftemperatur erhöht, um die Energiedichte im Wärmeträger Dampf zu vergrößern. Allerdings sind den Dampfzuständen nach oben Grenzen durch die verwendeten Werkstoffe von Kessel, Rohrleitungen und Turbine gesetzt. Man kommt so zu allgemein üblichen Werten, die bei einem Dampfdruck von etwa 200 bar und einer Dampftemperatur um 530°C liegen.

Der Dampf wird, nachdem er seine Energie in der Dampfturbine an die Welle abgegeben hat, zu Wasser kondensiert und dem Kessel wieder als Speisewasser zugeführt. Es handelt sich also um einen geschlossenen **Wasser-Dampf-Kreislauf**, der anhand von Bild 4.4 genauer erläutert werden soll.

Der den Kessel verlassende **Frischdampf** wird dem Hochdruckteil einer im allgemeinen mehrstufigen **Dampfturbine** zugeführt. In dieser wird die thermische

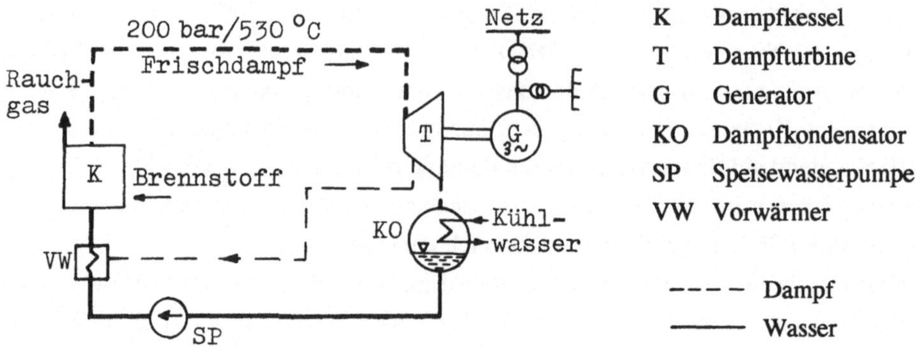

Bild 4.4 Schema eines Dampfkraftwerks

Energie des Dampfes durch Umlenkung des Dampfstrahls an den Turbinenschaufeln und durch Entspannung in mechanische Arbeit umgewandelt. Bild 4.5 zeigt den Längsschnitt durch eine mittelgroße **Kondensationsturbine** mit Hochdruck, doppelflutigem Mitteldruck- und vierflutigem Niederdruckteil. Bei der doppelflutigen Teilturbine erfolgt die Zuführung des Dampfes in der Mitte und die Abführung an den beiden Enden. Der Generator ist stets an der Niederdruckseite der Turbine angekuppelt. Diese bis zu größten Leistungen gebauten Turbinen laufen in konventionellen Dampfkraftwerken wie die Generatoren mit der Drehzahl $n = 3000\ \text{min}^{-1}$ ($50\ \text{s}^{-1}$) bzw. $n = 3600\ \text{min}^{-1}$ ($60\ \text{s}^{-1}$). Im Gegensatz dazu werden kleinere Industrieturbinen auch für höhere Drehzahlen ausgelegt; der Generator wird dann über ein Getriebe mit der Turbine verbunden.

Zur Verbesserung des Wirkungsgrades wird der Dampf nach Durchströmen des Hochdruckteils der Turbine bei größeren Blöcken nochmals in den Kessel zurückgeleitet und dort erneut überhitzt (**Zwischenüberhitzung**, abgekürzt ZÜ). Danach strömt er über Mittel- und Niederdruckteil der Turbine in den **Dampfkondensator**. In dem stark vereinfachten Schema nach Bild 4.4 ist der Übersichtlichkeit wegen nur eine einstufige Turbine ohne Zwischenüberhitzung dargestellt.

Im Kondensator wird der entspannte Dampf mit Hilfe von durchströmendem Kühlwasser abgekühlt und dadurch zu Wasser kondensiert. Um ein möglichst großes Energiegefälle in der Turbine nutzen zu können, müssen Druck und Temperatur im Kondensator so niedrig wie möglich gewählt werden. Deshalb wird der Kondensator auf einen Druck von 0,03 bar evakuiert, während die Kühlwassertemperatur je nach

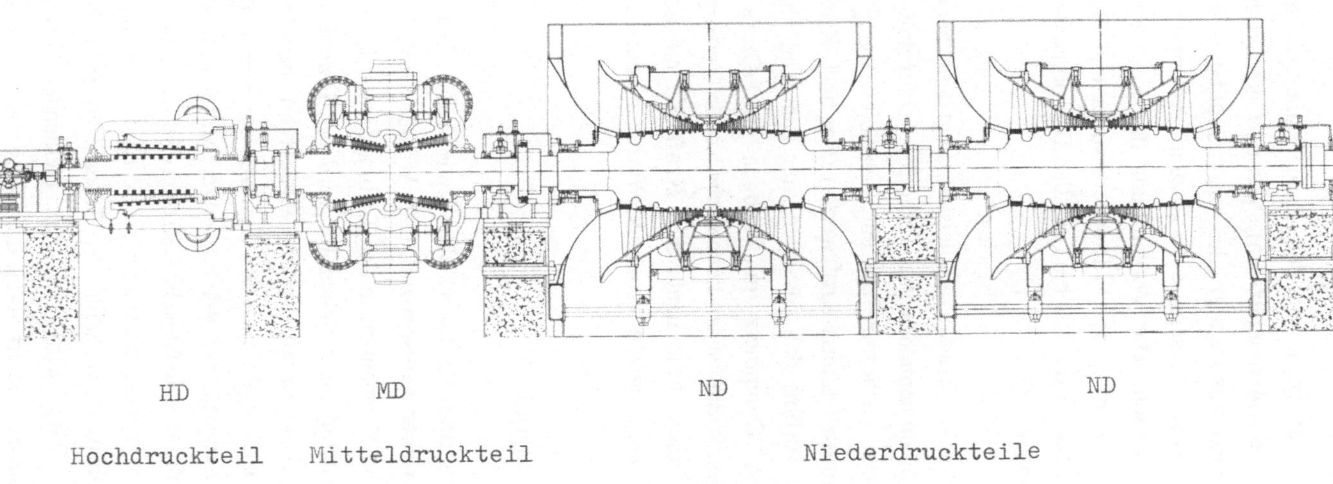

Bild 4.5 Längsschnitt durch eine Dampfturbine [Werkbild KWU]

Kühlungsart 20 bis 30°C beträgt.

Das **Kondensat** wird von der Kondensatpumpe in den Speisewasserbehälter gefördert (in Bild 4.4 weggelassen). Von dort gelangt es mittels der Speisewasserpumpe über einen **Vorwärmer**, der mit Anzapfdampf aus der Turbine das Wasser erwärmt, wieder als Kesselspeisewasser zum Verdampfen in den Kessel. Damit ist der Kreislauf geschlossen. Die Vorwärmung des Kesselspeisewassers führt zu einer merklichen Reduzierung des Wärmeverbrauchs und damit zu einem verbesserten Wirkungsgrad. Sie wird daher bei fast allen Dampfkraftwerksprozessen - häufig auch mehrstufig - angewendet.

Kraftwerke, die nach dem beschriebenen Schema arbeiten, nennt man **Kondensations-Kraftwerke**; ihre Maximalleistung liegt heute bei etwa 800 MW. In Industriebetrieben, die einen nennenswerten Dampfbedarf für ihren Fabrikationsprozeß haben, findet man meist Turbosätze mit einer größeren Dampfanzapfung an der Turbine (**Entnahme-Kondensations-Kraftwerke**) oder auch Kraftwerke ohne Kondensator, bei denen die Turbine den gesamten, nur zum Teil abgearbeiteten Dampf in ein angeschlossenes Dampfnetz mit einigen bar Druck einspeist (**Gegendruck-Kraftwerk**). Beide Bauweisen können ebenso bei Versorgung von Fernwärmenetzen Verwendung finden. Man nennt dies **Kraft-Wärme-Kopplung**, das bedeutet die gleichzeitige Erzeugung von Strom und Wärme mit **einem** Maschinensatz (s. Kap. 6).

4.3.2 Wirkungsgrad

Der im Kondensations-Kraftwerk ablaufende Wasser-Dampf-Wasser-Kreislauf ist ein **thermodynamischer Kreisprozeß**: Dem Wasser wird Energie zugeführt, wodurch es verdampft. Beim Entspannen in der Turbine leistet der Dampf mechanische Arbeit, durch Wärmeentzug im Kondensator wird der Dampf wieder zu Wasser. Da der Prozeß wieder zum Ausgangszustand zurückführt, nennt man ihn Kreisprozeß.

Ein Kreisprozeß ergibt nach den Gesetzen der Thermodynamik die größtmögliche Ausnutzung der zugeführten Wärmemenge. Der ideale **Carnot'sche Kreisprozeß** soll als Vergleich für den technischen Kreisprozeß im Kraftwerk dienen. Er weist als Idealprozeß den größten überhaupt erreichbaren Wirkungsgrad auf und besteht aus zwei isothermen und zwei adiabaten Zustandsänderungen eines idealen Gases nach Bild 4.6: Ein Gas wird bei gleichbleibender Temperatur (isotherm) unter Wärmeaufnahme expandiert (1-2), dann läßt man es ohne Wärmeaustausch mit der

Umgebung (adiabat) weiter expandieren (2-3), wobei eine Temperaturabsenkung eintritt und Arbeit nach außen abgegeben wird. Bei niedriger Temperatur erfolgt dann isotherme Verdichtung (3-4) unter Wärmeabgabe an die Umgebung mit anschließender adiabater Verdichtung unter Temperaturerhöhung bis zum Ausgangszustand 1.

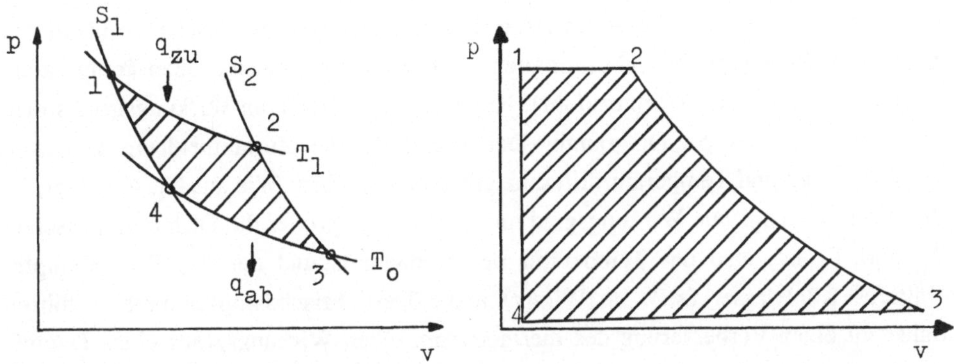

Bild 4.6 Carnot'scher Kreisprozeß **Bild 4.7** Clausius-Rankine-Prozeß

Die für diesen Vorgang wichtigen Größen, nämlich der Druck p, das Volumen v und die (absolute) Temperatur T, hängen bei idealen Gasen nach der Zustandsgleichung

$$p\,v = R\,T \tag{4.1}$$

zusammen, wobei R die Gaskonstante bedeutet. Die in dem p,v-Diagramm nach Bild 4.6 noch auftretende Größe S ist die Entropie mit der Definition

$$dS = \frac{dq}{T} \tag{4.2}$$

mit q als Wärmemenge. Die schraffierte Fläche im p,v-Diagramm stellt die geleistete Arbeit dar und ist die Differenz von zugeführter und abgeführter Wärmemenge

$$q_{nutz} = q_{zu} - q_{ab} \tag{4.3}$$

Der hier vor allem interessierende **thermodynamische Wirkungsgrad** η_{th} ist damit gegeben als

$$\eta_{th} = \frac{q_{zu} - q_{ab}}{q_{zu}} = \frac{T_1 - T_o}{T_1} \tag{4.4}$$

Da der technische Kreisprozeß im Dampfkraftwerk von der beschriebenen Idealform des Carnot-Prozesses abweicht (vor allem bei der sich über einen großen Temperaturbereich erstreckenden Wärmezufuhr), hat er einen schlechteren Wirkungsgrad sowie ein etwas anderes p,v-Diagramm. Der grundsätzliche Zusammenhang zwischen Wirkungsgrad und Temperaturdifferenz gilt aber auch dort: Wie aus Gl. 4.4 folgt, ist der thermodynamische Wirkungsgrad umso größer, je größer die Differenz zwischen T_0 und T_1 ist, also der Temperatur des Kondensats und der des Frischdampfs. Kälteres Kühlwasser (z.B. im Winter) und höhere Frischdampftemperatur führen daher zu einer Verbesserung des thermodynamischen Wirkungsgrads eines Dampfkraftwerks.

Den technischen Abläufen im Kraftwerk recht nahe kommt der in Bild 4.7 gezeigte **Clausius-Rankine-Prozeß**, der aber immer noch einige Vereinfachungen und Vernachlässigungen enthält. Man erkennt daraus die Vorgänge in den einzelnen Hauptkomponenten: Im Kessel (1-2) findet eine druckkonstante Erwärmung mit Volumenvergrößerung durch die Verdampfung statt. In der Turbine (2-3) entspannt sich der Dampf, das Volumen wird nochmals größer, Druck und Temperatur sinken stark ab. Dann folgt die Kondensationsphase (3-4), in der das Volumen auf ein Bruchteil vermindert wird. In der anschließenden Verdichtungsphase (4-1) baut die Speisepumpe den Druck wieder auf. Auch hier gilt, je größer die eingeschlossene (im Bild 4.7 schraffierte) Fläche, desto größer der Wirkungsgrad des Kreisprozesses.

Der **Gesamtwirkungsgrad** η_{ges} der Stromerzeugung wird außer durch η_{th} auch von den Verlusten in Kessel, Rohrleitungen, Turbine und Generator bestimmt. Daher gilt

$$\eta_{ges} = \eta_{th} \, \eta_{Kessel} \, \eta_{Rohrltg} \, \eta_{Turb} \, \eta_{Gen} \tag{4.5}$$

oder energetisch ausgedrückt

$$\eta_{ges} = \frac{El.\ Energie\ an\ Generatorklemmen}{Energieinhalt\ des\ Brennstoffs} \tag{4.6}$$

Dieser Bruttowirkungsgrad (Eigenbedarf des Kraftwerks nicht enthalten) erreicht in der betrieblichen Praxis Werte zwischen 35 und 40 %. Im Durchschnitt wird die eingesetzte Energie in Form des Brennstoffs also zu gut einem Drittel genutzt, während knapp zwei Drittel als Abwärme mit dem Kühlwasser und dem Rauchgas über den Kamin verloren gehen. Über Verbesserungsmöglichkeiten für den Gesamtwirkungsgrad des thermischen Kraftwerksprozesses wird Näheres in Kap. 6 ausgeführt; jedoch ist festzuhalten, daß die meisten der dort genannten Möglichkeiten in modernen Kraftwerken bereits ausgeschöpft sind, so daß eine wesentliche Steigerung in Zukunft nicht zu erwarten ist. Der **Nutzungsgrad** des Brennstoffs kann hingegen durch Nutzung der anfallenden Wärme erheblich höher sein, z.B. bei der schon erwähnten Kraft-Wärme-Kopplung. Es ist aber dabei zu beachten, daß sich der Wirkungsgrad der Stromerzeugung dabei **nicht** vergrößert, sondern eher geringfügig abnimmt.

Der **Energieinhalt** der verwendeten Brennstoffe - ausgedrückt durch den (unteren) Heizwert H_u - ist unterschiedlich:

- Braunkohle	9 000 kJ/kg
- Steinkohle	31 000 kJ/kg
- Schweröl	42 000 kJ/kg
- Erdgas	36 000 kJ/kg

(Zum Vergleich: Uran-235 enthält bei Kernspaltung die Energie $86\ 400 \cdot 10^6$ kJ/kg, das entspricht etwa 3000 t Steinkohleeinheiten).

Wie man aus diesen (mittleren) Werten erkennt, ist die Braunkohle wegen ihres geringen Heizwerts nicht transportwürdig; man baut deswegen Braunkohlekraftwerke in unmittelbarer Nähe der Tagebauförderstätten. Der **Standort** von mit Steinkohle, Öl oder Gas betriebenen Kraftwerken kann hingegen nach anderen Kriterien bestimmt werden, wobei die Lastverteilung im Netz und die Kühlwasserdarbietung, aber auch Transportwege für den Brennstoff sowie Umweltgesichtspunkte Berücksichtigung finden.

Der auf die erzeugte kWh bezogene **spezifische Wärmeverbrauch** q errechnet sich mit der stündlich verbrauchten Brennstoffmenge B_h bzw. der Gesamtmenge des Brennstoffs B sowie den schon bekannten Größen zu

$$q = \frac{B\ H_u}{W_{el}} = \frac{B\ H_u}{P_{\max}\ T_m} = \frac{B_h\ H_u}{P_{\max}} \qquad (4.7)$$

Er ist ein charakteristischer Wert für die Brennstoffausnutzung bei der Energieumwandlung und wird allgemein in kJ/kWh angegeben. In modernen Kraftwerken liegt q durchschnittlich bei wenig unter 10 000 kJ/kWh. Der Kehrwert ist, wie leicht mit Gl. 4.6 zu erkennen, bei entsprechender Umrechnung der Einheiten der Gesamtwirkungsgrad

$$\eta_{ges} = \frac{1}{q} = \frac{W_{el}}{B\,H_u} = \frac{P_{max}}{B_h\,H_u} \tag{4.8}$$

So entspricht einem spezifischen Wärmeverbrauch von q = 10 000 kJ/kWh der Wirkungsgrad η_{ges} = 0,36 (mit 1 kJ = 1 kWs).

In der Regel beziehen sich die spezifischen Wärmeverbrauchswerte auf den Betrieb bei Vollast, also der Nennleistung der Anlage. Bei **Teillastbetrieb** ist der Verbrauch an Brennstoff und damit an Wärme höher. Man kann angenähert den Wärmeverbrauch Q in GJ/h bei der Teillast P berechnen mit der Beziehung

$$Q = a + b\,P + c\,P^2 \tag{4.9}$$

Darin sind a, b, c anlagenspezifische Konstanten.

Will man nicht den Wärme-, sondern den **bezogenen Brennstoffverbrauch** b in kg/kWh ermitteln, so ergibt sich dieser als gesamte Brennstoffmenge B bezogen auf die erzeugte elektrische Energie W_{el}

$$b = \frac{B}{W_{el}} = \frac{1}{\eta_{ges}\,H_u} \tag{4.10}$$

4.3.3 Kühlung

Aus der vorstehend behandelten energetischen Ausnutzung des Brennstoffs folgt die Notwendigkeit, etwa doppelt soviel an Verlustenergie in Form von **Abwärme** an die Umgebung abführen zu müssen wie als elektrische Energie erzeugt wird. Daher stellt die **Kraftwerkskühlung** bei den derzeit üblichen Blockgrößen ein erhebliches Problem dar. Bei den konventionellen Dampfkraftwerken fällt der weitaus größte Teil der Abwärme bei der Kondensation des Dampfes an und wird durch das Kühlwasser abgeleitet. Der kleinere Teil der Abwärme gelangt im Rauchgas des Kessels über den Kamin in die Umgebungsluft. Kernkraftwerke dagegen führen ihre Abwärme fast vollständig über das Kühlwasser ab.

Die benötigte Kühlwassermenge hängt im wesentlichen von der Aufwärmspanne Δt_W ab, also der Differenz der Temperaturen des zufließenden und des abfließenden Kühlwassers. Mit dem Anteil α der gesamten Abwärme, die aus dem Wirkungsgrad folgt, ist die abzuführende Wärmemenge im Kühlwasser

$$Q_{ab,w} = \alpha \left(\frac{1 - \eta_{ges}}{\eta_{ges}}\right) P_n \tag{4.11}$$

und damit die benötigte Kühlwassermenge

$$m_w = \frac{Q_{ab,w}}{c_w \, \Delta t_w} \tag{4.12}$$

Darin ist c_W = 4,2 kJ/kg K die spezifische Wärme des Wassers. Für ein 800 MW - Dampfkraftwerk kommt man so auf eine benötigte Kühlwassermenge in der Größenordnung von 30 m^3/s bei einer Aufwärmspanne von 10 K und Vollast.

Die Bereitstellung dieser relativ großen Wassermenge kann grundsätzlich auf zwei Wegen erfolgen: einmal als Frischwasser aus einem Fluß mit Rückführung des erwärmten Wassers in denselben, oder als in einem Kühlturm rückgekühltes Wasser in einem geschlossenen Kreislauf.

Die in Bild 4.8 schematisch dargestellte **Frischwasserkühlung** (als Verbraucher ist im Bild stellvertretend für alle anderen nur der Großverbraucher Kondensator angedeutet) findet ihre Grenze in der zulässigen Aufwärmung des Flußwassers. Die Wasserentnahme sowie die Aufwärmung sind deshalb durch behördliche Auflagen eingeschränkt, um das biologische Gleichgewicht der Flüsse nicht zu gefährden. Dies ist besonders problematisch geworden, seit zusätzlich zur Aufwärmung durch das Kühlwasser eine starke Verunreinigung der Gewässer durch Einleitung von Fremdstoffen auftritt. Beide Vorgänge zusammen - Aufwärmung und Verunreinigung - belasten die Flüsse oft bis an die Grenze des Zulässigen. Es wird daher in den meisten Fällen dem ablaufenden erwärmten Kühlwasser Sauerstoff zugesetzt. Da durch Vermischung von Kühl- und Flußwasser die Temperatur des Flußwassers in

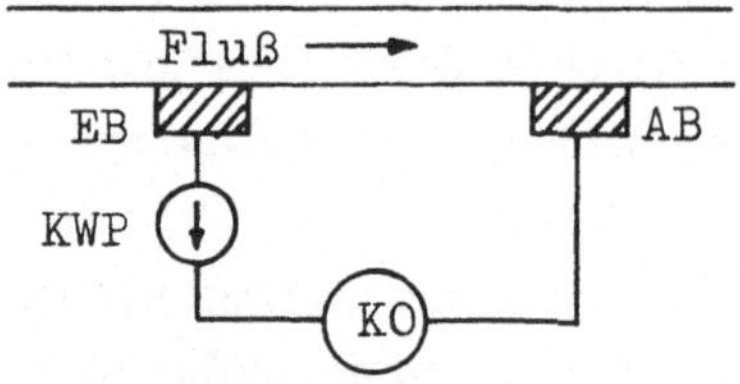

KO Kondensator
KWP Kühlwasserpumpe
EB Einlaufbauwerk
AB Auslaufbauwerk

Bild 4.8 Frischwasserkühlung

geringem Abstand vom Kraftwerk bereits wieder den alten Wert erreicht, stellt die punktuelle Aufwärmung allein - ohne die Verunreinigung des Wassers - keine wesentliche Gefahr für die Flußökologie dar, soweit die Aufwärmspanne nicht zu groß ist.

Man legt das Frischwasser-Kühlsystem der Kraftwerke deshalb so aus, daß das Kühlwasser maximal um 10 K und das Flußwasser um 3 - 6 K erwärmt wird. Die höchste örtliche Flußwassertemperatur liegt damit im Sommer zwischen 25 und 30°C. Sollte die benötigte Wassermenge in Niedrigwasserzeiten nicht zur Verfügung stehen, muß das Kraftwerk dann mit verminderter Leistung betrieben werden, die auch einen kleineren Kühlwasserbedarf zur Folge hat. Der bauliche und energetische Aufwand für diese Kühlungsart ist relativ gering, man braucht nach Bild 4.8 neben Kühlwasserleitungen und -pumpen ein Ein- und ein Auslaufbauwerk am Flußufer.

Steht nicht genügend oder überhaupt kein Frischwasser zur Verfügung, erfolgt die Kraftwerkskühlung über einen geschlossenen Kühlwasserkreislauf mit **Kühlturm**. Bisher werden fast ausschließlich **Naßkühltürme** (KT in Bild 4.9) verwendet, bei denen die Abkühlung durch Verregnen im Luftstrom stattfindet. Wegen der kurzen Verweildauer des zu kühlenden Wassers im abkühlenden Luftstrom ist die Aufwärmspanne gering und liegt meist bei nur 5 K. Bei gleicher abgeführter Wärmeenergie ist also entsprechend Gl. 4.12 ein größerer Wassermengenstrom nötig als bei Frischwasserkühlung. Will man die Kühlleistung eines derartigen Kühlturms erhöhen, kann man den durch Konvektion entstehenden natürlichen Luftstrom (Naturzug-Kühlturm) durch einen elektrisch angetriebenen Ventilator verstärken (Ventilator-Kühlturm), wodurch der Eigenbedarf des Kraftwerks allerdings vergrößert wird. Der Naßkühlturm weist im übrigen den Nachteil auf, daß etwa

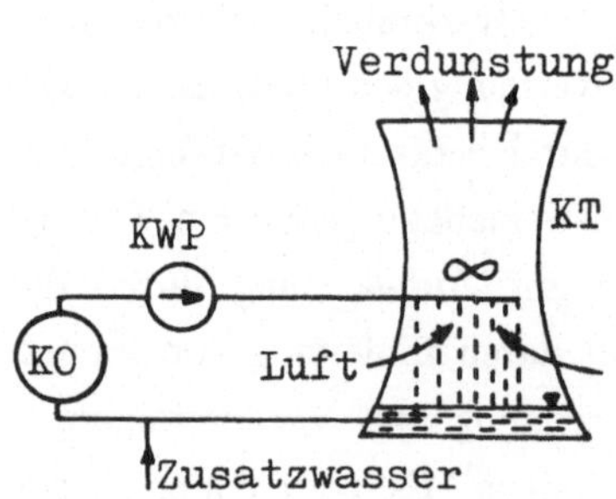

Bild 4.9 Kühlturmkühlung

1 bis 2,5 kg Wasser je erzeugte kWh durch Verdunstung im Kühlturm verloren gehen. Dies führt zu einer sichtbaren Dampffahne über dem Kühlturm mit der Gefahr der Veränderung des Kleinklimas in der Umgebung von großen Kraftwerksstandorten mit vielen Kühltürmen. Es muß zudem Zuatzwasser vorhanden sein, um diesen Verlust ständig zu ersetzen. Darüber hinaus ist Abschlämmung wegen allmählich ansteigenden Salzgehalts im Kühlwasser nötig, was zusammen mit der Verdunstung zu einem Zusatzwasserbedarf von 1,5 bis 2,5 % der umgewälzten Kühlwassermenge pro Zeiteinheit führt.

Insgesamt verteuert sich der Kraftwerksbau (Anlagekosten) bei Kühlturmbetrieb um ungefähr 4 %, die Erhöhung des spezifischen Wärmeverbrauchs wegen höherer Kondensatoreintrittstemperatur beträgt rund 5 %.

Die bei weitem teuerste, aber auch umweltverträglichste Lösung des Kühlwasserproblems ist der **Trockenkühlturm**, bei dem das Kühlwasser nicht in direktem Kontakt mit dem kühlenden Luftstrom steht, sondern in Rohren durch diesen geführt wird. Eine solche Bauweise bedingt sowohl höhere Pumpleistungen als auch zusätzliche Lüfter. Wegen des schlechteren Wärmeübergangs vom Kühlwasser auf die rückkühlende Luft ist bei gleicher Aufwärmspanne eine wesentlich größere Bauhöhe als bei einem Naßkühlturm erforderlich, die zu einer optischen Belästigung der Umgebung führen kann.

Schließlich gibt es noch als dritte Möglichkeit der Kühlung eines Kraftwerks die Kombinationskühlung nach Bild 4.10, die bei vorhandener, aber nicht ausreichender Frischwasserdarbietung für Großkraftwerke Verwendung findet. Sie stellt eine Verbindung von Frischwasser- und Kreislaufkühlung mit Kühlturm dar und erlaubt eine sehr variable Betriebsführung je nach äußeren Umständen; das heißt, es kann sowohl reiner Frischwasser- als auch nur Kühlturmbetrieb oder eine beliebige Mischung aus beiden Betriebsarten gefahren werden. Dieses Bauprinzip ist aber wegen des größeren Anlagenaufwands eine vergleichsweise kostspielige Alternative.

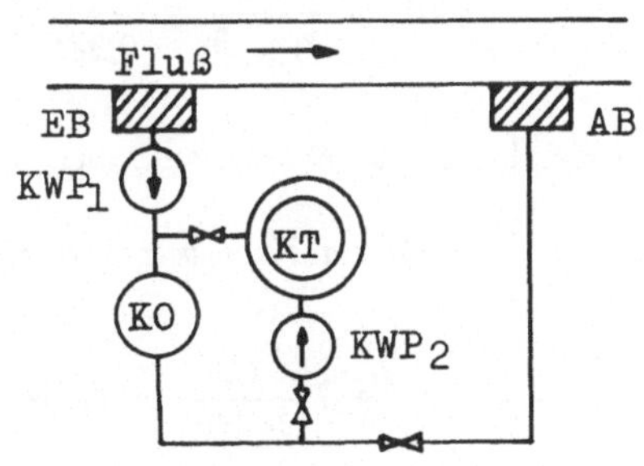

Bild 4.10 Kombinationskühlung

Die beschriebenen Kühlungsarten gelten für alle Dampfkraftwerke gleichermaßen, also auch für die später beschriebenen Kernkraftwerke.

Beispiel 4.1 Ein kohlebefeuertes Dampfkraftwerk mit P_n = 800 MW liefert im Jahr 5,8 TWh Bruttoenergie. Der Bruttowirkungsgrad beträgt 38,5 %, der Jahresverbrauch an Kohle war 1,93 Mio t.

- Zu berechnen ist die benötigte Kühlwassermenge bei der Aufwärmspanne Δt_W = 9 K, wenn im Kühlwasser insgesamt 3/4 der anfallenden Abwärme abgeführt wird.
- Wie groß ist der Heizwert der verwendeten Kohle?
- Wie groß ist der Wirkungsgrad bei Halblast, wenn die bestimmenden Konstanten a = 6 MJ/h·MW^2, b = 7 GJ/h·MW und c = 350 GJ/h sind?

Die im Kühlwasser enthaltene Wämemenge folgt aus dem Wirkungsgrad bei Nennleistung nach Gl. 4.11

$$Q_{ab,w} = \frac{100 - \eta}{\eta} P_n \frac{3}{4} = \frac{100 - 38{,}5}{38{,}5} 800\ MW \frac{3}{4} =$$

$$= 958{,}44\ MW$$

damit die Kühlwassermenge nach Gl. 4.12

$$m_w = \frac{Q_{ab}}{c_w\ \Delta t_w} = \frac{958{,}4\ MW\ kg\ K\ m^3}{4{,}2\ kWs \cdot 9\ K \cdot 10^3\ kg} = 25{,}36\ \frac{m^3}{s}$$

Der Heizwert errechnet sich aus der Gl. 4.8

$$H_u = \frac{W_{el}}{\eta_{ges}\ B} = \frac{5{,}8 \cdot 010^9\ kWh \cdot 3600\ s}{0{,}385 \cdot 1{,}93 \cdot 10^6 \cdot 10^3\ kg\ h} = 28{,}10\ \frac{MJ}{kg}$$

Bei Halblast ist der Wärmeverbrauch pro Stunde nach Gl. 4.9

$$Q = a\ P^2 + b\ P + c = 0{,}006\ \frac{GJ}{h\ MW^2}\ 800^2\ MW^2\ \frac{1}{4} +$$

$$+ 7\ \frac{GJ}{h\ MW}\ 800\ MW\ \frac{1}{2} + 350\ \frac{GJ}{h} = 4110\ \frac{GJ}{h}$$

und damit der Wärmeverbrauch je kWh

$$q = \frac{Q}{P} = \frac{4110\ GJ}{400\ MW\ h} = 10{,}275\ \frac{GJ}{MWh}$$

sowie der Teillastwirkungsgrad

$$\eta = \frac{1}{q} = \frac{1}{10{,}275} \frac{MWh}{GWs} 3600 \frac{s}{h} = 0{,}3504$$

Der Wirkungsgrad hat sich also durch den Teillastbetrieb von 38,5 auf 35,04 % verschlechtert.

4.3.4 Umweltschutzmaßnahmen

Bei der Verbrennung fossiler Brennstoffe (Steinkohle, Braunkohle, Öl, Gas, Torf) entstehen neben den festen Abfallstoffen (Asche), die eine Entsorgung, z.B. Deponierung, nötig machen, auch Abgase, die über den Kamin in die Umgebung entlassen werden müssen. Diese **Rauchgase** enthalten hauptsächlich: Staub, Schwefeldioxid (SO_2), Stickoxide (NO_x), Kohlendioxid (CO_2) und Abwärme.

Da diese Stoffe in der erzeugten Menge eine merkbare Luftverschmutzung bewirken würden, müssen sie weitgehend im Kraftwerk zurückgehalten werden, um sie gar nicht erst in die Umgebungsluft gelangen zu lassen. Dazu dienen die im folgenden beschriebenen Anlagen, die zwischen Kesselausgang und Kamin angeordnet werden.

Der **Staub**, der vor allem bei Verbrennung von Kohle in großen Mengen anfällt und aus nicht verbrannten Reststoffen besteht, wird mit **Elektrofiltern** zurückgehalten und abgeschieden. Dies wird erreicht durch Sprühelektroden, die mit hoher Gleichspannung (75 - 300 kV) beaufschlagt werden. Infolge der großen Feldstärke an den entsprechend ausgeführten Elektroden-Drähten kommt es zu Korona-Entladungen (Sprühen), wodurch die vorbeiströmenden Staubteilchen elektrisch negativ aufgeladen werden. Diese geladenen Staubteilchen bewegen sich in dem angelegten Gleichfeld zur Anode und lagern sich dort ab. Durch zyklisches Abklopfen der Anode wird der sich ansammelnde Staub im unteren Teil des Elektrofilters gesammelt und von dort abgezogen.

Mit dieser Methode ereicht man einen Abscheidungsgrad von 99,7 % des anfallenden Staubs, so daß nach dem Filter das Rauchgas als praktisch staubfrei angesehen werden kann. Es werden Schwebeteilchen bis hinunter zu 1 μm erfaßt, die Aufladezeit beträgt etwa 10 - 100 ms. Störvorgänge sind zum einen die Wiederaufwirbelung des bereits abgeschiedenen Staubs sowie Funkenüberschläge zwischen den Elektroden. Bei Auftreten von Überschlägen wird die Spannung automatisch etwas zurückgefahren und anschließend wieder erhöht. Dazu verwendet man eine über Thyristoren geregelte

Wechselspannung, die über Transformatoren auf die erforderliche Höhe gebracht und anschließend gleichgerichtet wird. Spannung und Strom werden über ohmschen Teiler bzw. Shunt gemessen.

Zum Entzug des Schwefeldioxids aus dem Rauchgas dient die **Rauchgas-Entschwefelungsanlage** (REA). Sie basiert auf dem Prinzip der chemischen Verbindung von SO_2 mit Kalk zu Gips ($CaSO_4$) nach der chemischen Reaktionsgleichung

$$CaCO_3 + SO_2 \Rightarrow CaSO_4 + CO_2$$

Dem Rauchgas wird Kalksteinmehl und bei dem Naßverfahren (Rauchgaswäsche) auch Wasser beigemengt. Das Wasser wird dem entstehenden Gips-Wasser-Gemisch

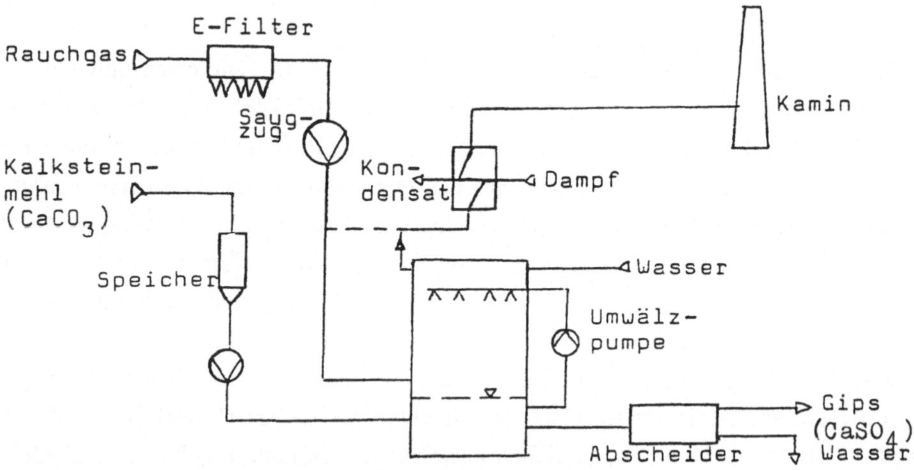

Bild 4.11 Prinzip der Rauchgasentschwefelungsanlage (REA)

durch Trocknung wieder entzogen (Bild 4.11). Auf diese Weise entsteht bei einem 750 MW - Kohleblock die nicht unerhebliche Gipsmenge von ca. 15 t/h, die entsorgt bzw. als Baustoff weiter verwendet wird. Das gereinigte Rauchgas hat nach Verlassen der REA meist eine so niedrige Temperatur, daß sie für den Kaminzug nicht ausreicht. Es muß daher eine Aufwärmung mit Dampf vorgenommen werden. Eine andere Lösung stellt das Ablassen des gereinigten Abgases über den Kühlturm dar, wobei man ohne Wiederaufwärmung auskommt und überdies noch den hohen Kamin einspart. Die Kosten für die Rauchgasentschwefelung liegen bei etwa 10 % des Anlagenpreises. Da auch der Eigenbedarf des Kraftwerks steigt, verteuert sich die erzeugte kWh im Grund- und Mittellastbereich ebenfalls um etwa 10 bis 15 %.

Um die Stickoxide aus dem Rauchgas zu entfernen, setzt man eine **Entstickungsanlage** (DENOX) ein. Diese zerlegt die Stickoxide in Stickstoff und Wasser unter Einsatz von Ammoniak (NH_3), ein Vorgang, der aber einen Katalysator erfordert (SCR-Verfahren: Selektive katalytische Reduktion). Da letzterer aus recht teuren Materialien besteht, liegen die Kosten der Entstickung etwa bei der Hälfte der Entschwefelungskosten bezogen auf die Anlagekosten.

Das bei jeder Verbrennung zwangsläufig entstehende **Kohlendioxid** (CO_2) kann nicht zurückgehalten werden und entweicht daher in die Umgebungsluft, in der sein Anteil auf Grund der großen Menge des ausgestoßenen Gases (z.B rund 0,9 kg CO_2 je aus Kohle erzeugter kWh, bei Erdgas etwa die Hälfte) allmählich meßbar ansteigt. Eine Klimabeeinflussung durch den höher werdenden CO_2-Gehalt der Luft ist nicht mehr auszuschließen, so daß eine Begrenzung des Ausstoßes nötig werden wird.

Die in den Rauchgasen enthaltene **Abwärme** stellt dagegen kein Problem dar. Sie wird über Wärmetauscher (Luvo, Luftvorwärmer) ausgekoppelt und zur Vorwärmung der Verbrennungsluft des Kessels benutzt.

Die genannten Umweltschutzmaßnahmen stellen eine erhebliche bauliche Vergrößerung eines Kraftwerks dar, so daß Kosten und Störanfälligkeit der Gesamtanlage steigen. Man ist daher bestrebt, durch **verbesserte Verbrennungsverfahren** die chemischen Reinigungsanlagen überflüssig zu machen und trotzdem die Grenzwerte für ausgestoßene Schadstoffe einzuhalten. Als Beispiel für ein derartiges Verfahren sei die Wirbelschichtfeuerung genannt, vor allem in ihrer Ausführung mit zirkulierender Wirbelschicht. Sie basiert ebenfalls auf Gipsbildung, wobei diese aber bereits im Feuerraum durch Einblasen von Kalkstaub stattfindet und somit eine nachgeschaltete Entschwefelungsanlage überflüssig macht. Durch niedrige Verbrennungstemperatur von etwa 850°C wird außerdem das Entstehen von thermischen Stickoxiden unterbunden, so daß auch die Entstickungsanlage wegfallen kann. Das Verfahren wird zur Zeit für kleinere Anlagen (max. 150 MW) eingesetzt.

4.4 Kernkraftwerke

Eine Möglichkeit, den Ausstoß von Kohlendioxid aus Kraftwerken zu vermeiden, ist der Einsatz von Kernkraftwerken, bei denen die Probleme allerdings auf andere Bereiche (Unfallgefahr, strahlende Abfälle) verlagert werden. Ein Kernkraftwerk ist im Prinzip ein Dampfkraftwerk, bei dem der Dampfkessel durch den **Kernreaktor** ersetzt ist. In diesem wird die im Vergleich zur chemischen Verbrennungsenergie wesentlich höhere Energie der Spaltung von schweren Atomkernen genutzt. In der Hauptsache wird dazu Uran verwendet, und zwar das gut spaltbare Isotop U-235. Spaltet man einen solchen Kern mit Hilfe eines Neutrons, so wird Wärme frei, aber es entstehen auch neue Neutronen, so daß bei entsprechender Regelung eine Kettenreaktion abläuft, die kontinuierliche Wärmeabnahme mit Hilfe eines Kühlmediums erlaubt.

Aus dem Urankern entstehen bei der Spaltung neue Elemente niedrigerer Ordnungszahl, die **Spaltprodukte**. Sie stellen das eigentliche Problem bei der Kernkraftnutzung dar, denn sie sind zum überwiegenden Teil instabil, das bedeutet, sie senden radiaoktive Strahlung aus und müssen nach Entnahme aus dem Kraftwerk (einmal pro Jahr) sicher gelagert oder zu neuem Brennstoff aufgearbeitet werden, soweit sie wiederverwendbar sind.

Wenn man den Reaktor als Wärmeerzeuger näher betrachtet, so sind vier Komponenten kennzeichnend für die Nutzung im Kraftwerk:

- Spaltstoff
- Moderator
- Kühlmittel
- Arbeitsmittel

Als **Spaltstoff** eignen sich bestimmte Isotope schwerer Atomkerne, die in der Natur vorkommen. So ist das spaltbare Uranisotop U-235 zu 0,7 % im natürlichen Uran enthalten, der Rest ist nicht spaltbares U-238. Die meisten Reaktortypen benötigen einen höheren Anteil von spaltbarem U-235, daher muß das Natururan in speziellen Anreicherungsanlagen so behandelt werden, daß der Anteil auf 2 - 4 % ansteigt. Auch das in der Natur nicht vorkommende Plutonium (Pu-239) ist als Spaltstoff verwendbar. Es entsteht unter anderem bei der Bestrahlung von U-238 mit Neutronen bestimmter Geschwindigkeit (schnellen Neutronen).

Der Spaltstoff wird - zu Tabletten gepreßt - in Rohre (Brennstäbe) gefüllt, die zu **Brennelementen** zusammengestellt werden. Eine Vielzahl solcher Brennelemente bildet den Reaktorkern (core), der sich im Reaktordruckgefäß befindet und von

Kühlkanälen durchzogen ist (s. auch Bild 4.14). Die **Regelung** der vom Reaktor abgegebenen Leistung erfolgt in den meisten Fällen über spezielle Regelstäbe, die von oben oder unten in den Reaktorkern eingefahren werden. Diese absorbieren Neutronen, wodurch die Anzahl der als Kettenreaktion ablaufenden Kernspaltungen und damit die Wärmeerzeugung verringert wird. Die Stellung der Regelstäbe bestimmt also die Reaktorleistung. Bei der Abschaltung des Reaktors werden die Regelstäbe vollständig eingefahren, die Kettenreaktion kommt dann zum Erliegen.

Die dem Spaltstoff im Kraftwerk entzogene Nutzarbeit, die dem Abbrand der Brennstäbe entspricht, wird allgemein in Megawatt-Tagen je Tonne Brennstoff (MWd/t) angegeben.

Um bei der Kernspaltung eine kontrolliert ablaufende Kettenreaktion zu erhalten, müssen die neu entstehenden Neutronen abgebremst werden, da sie nur mit geringerer Geschwindigkeit in der Lage sind ihrerseits wieder spalten zu können. Man nennt diese abgebremsten Neutronen auch **thermische Neutronen** (im Unterschied zu den schnellen Neutronen) und den Reaktor auch thermischen Reaktor. Die Funktion des Abbremsens der Neutronen übernimmt der **Moderator**, der aus Wasser, Graphit und anderen geeigneten Stoffen bestehen kann.

Tafel 4.1 Reaktorkomponenten bei unterschiedlichen Bauarten

Spaltstoff	Moderator	Kühlmittel	Arbeitsmittel
Leichtwasserreaktor:			
U-235 Pu-239	Wasser	Wasser	Wasser
Hochtemperaturreaktor:			
U-235 Pu-239	Graphit	Helium	Wasser Helium
Andere Reaktorarten:			
Natururan	Schwerwasser	CO_2, Natrium	Wasser, Na, CO_2

Das **Kühlmittel** durchströmt die Brennelemente des Reaktorkerns und nimmt dabei durch direkte Berührung mit den Brennstäben die in diesen erzeugte Wärmeenergie auf. Bei Abschaltung des Reaktors muß gewährleistet sein, daß die dann noch entstehende Nachzerfallswärme der Spaltprodukte durch Aufrechterhaltung des Kühlmittelstroms abgeführt wird (Nachkühlung), da sonst eine Überhitzung des Reaktorkerns eintreten kann.

Zum Antrieb der Turbine dient das **Arbeitsmittel**. Es ist bei Reaktorkreisläufen ohne Wärmetauscher identisch mit dem Kühlmittel. Tafel 4.1 gibt einen zusammenfassenden Überblick über die Komponenten des Reaktorkreislaufs am Beispiel einiger Reaktorbauarten.

Unter letzteren hat sich der **Leichtwasserreaktor** (LWR) wegen seines vergleichsweise einfachen Aufbaus durchgesetzt, bei dem sowohl der Moderator als auch Kühl- und Arbeitsmittel aus (leichtem im Unterschied zu schwerem) Wasser bestehen. In der Bauart sind zwei Hauptlinien zu unterscheiden, nämlich der Siedewasserreaktor (SWR) und der Druckwasserreaktor (DWR).

Der Aufbau des Kernkraftwerks mit **Siedewasserreaktor** (Bild 4.12) unterscheidet sich am wenigsten von dem des konventionellen Dampfkraftwerks.

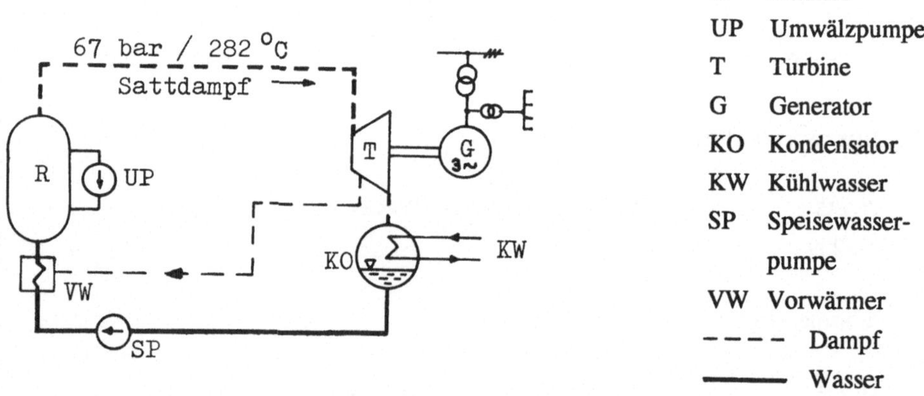

Bild 4.12 Schema eines Kernkraftwerks mit Siedewasserreaktor

Im Siedewasserreaktor wird die bei der Kernspaltung von Uran freiwerdende Wärmeenergie wie im Dampfkessel dazu benutzt, Wasser zu verdampfen. (Das Wasser siedet im Reaktor selbst, daher die Bezeichnung Siedewasserreaktor).

Eine Umwälzpumpe sorgt für bessere Umströmung der Brennelemente des Reaktorkerns. Der aus dem Reaktor austretende Dampf wird über die Frischdampfleitung direkt zur Turbine geleitet und nach deren Durchströmen im Kondensator zu Wasser kondensiert. Das Kondensat wird über Speisewasserpumpe und Vorwärmer wieder dem Reaktor zugeführt. Ein gewisser Nachteil dieses Konzepts ist es, daß keine Trennung von nuklearem und konventionellem Anlagenteil vorhanden ist. Die Turbine samt dem Maschinenhaus ist daher nuklearer Kontrollbereich, in dem besondere Sicherheitsvorschriften bezüglich Strahlenschutz herrschen. Das bedeutet, daß alle Aggregate im Maschinenhaus nur unter besonderen Vorkehrungen zugänglich sind. Außerdem besteht die Gefahr der Versprödung der Werkstoffe von Rohrleitungen und Turbine durch radioaktive Bestrahlung. Von Vorteil sind der Wegfall eines zusätzlichen Dampferzeugers und die Tatsache, daß bei steigender Leistung und damit Zunahme der Dampfblasenbildung die Moderationswirkung des Wasser-Dampf-Gemischs abnimmt und damit die Spaltrate. Man benutzt dieses Verhalten auch zur Unterstützung der Leistungsregelung durch Regelstäbe.

Im Kernkraftwerk mit **Druckwasserreaktor**, dessen Schema in Bild 4.13 dargestellt ist, gibt es zwei getrennte Kreisläufe, die über einen Wärmetauscher, der als Dampferzeuger wirkt und auch so genannt wird, energetisch verbunden sind. Hier wird das Wasser im Reaktorkreislauf (Primärkreislauf) unter so hohem Druck (160 bar) gehalten, daß es trotz der hohen Temperatur von 320 °C nicht verdampft (daher der Name Druckwasserreaktor). Der Primärkreislauf wird durch die Hauptkühlmittelpumpe aufrechterhalten. Im Dampferzeuger gibt das Kühlmittel seine Wärmeenergie

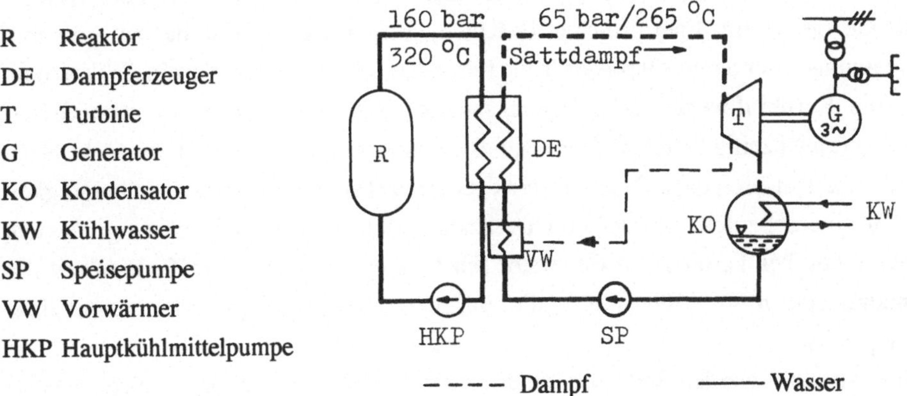

Bild 4.13 Schema eines Kernkraftwerks mit Druckwasserreaktor

an das Wasser des Sekundärkreislaufs ab, das dabei verdampft. Der entstehende Frischdampf hat etwa die gleichen Dampfzustände wie beim Siedewasserreaktor, nämlich 65 bar/265°C. (Die angegebenen Dampfzustandswerte sind Beispiele von ausgeführten Anlagen und daher als Anhaltswerte zu verstehen).

Der Frischdampf wird dann in üblicher Weise über Turbine, Kondensator, Speisewasserpumpe und Vorwärmer zum Dampferzeuger als Wasser zurückgeleitet. Der Vorteil dieser Bauweise liegt in der Trennung des sekundären Dampfkreislaufs vom primären Kühlmittelkreislauf. Somit ist hier der konventionelle Teil der Anlage auch ohne besondere Sicherheitsmaßnahmen jederzeit zugänglich, was im praktischen Betrieb von nicht unerheblicher Bedeutung ist. Allerdings gibt es dabei auch Nachteile. Diese liegen hauptsächlich in den Wärmeverlusten beim Übergang von einem zum anderen Kreislauf im Dampferzeuger (etwas geringerer Gesamtwirkungsgrad) und in der verhältnismäßig hohen werkstoffmäßigen Beanspruchung dieses Dampferzeugers, wobei ein Leck - also Übertreten des radioaktivem Kühlmittels vom primären in den sekundären Kreislauf - bei Überschreiten einer gewissen Rate zur sofortigen Abschaltung des Kraftwerks führt.

Beide Leichtwasser-Reaktortypen sind wegen ihres vergleichsweise einfachen Aufbaus weltweit im Einsatz, wobei in Deutschland die Zahl der Druckwasserreaktoren überwiegt. Da die Dampfzustände (also Druck und Temperatur) bei beiden Bauarten niedriger sind als bei konventionellen Dampfkraftwerken, muß der Wirkungsgrad entsprechend Abschn. 4.2 bei einem Leichtwasser-Kernkraftwerk etwas niedriger sein, was auch zutrifft (etwa 35 - 36 % Bruttowirkungsgrad). Der nur wenig überhitzte Dampf wird als **Sattdampf** bezeichnet und führt, da geringere Dampfzustände geringere Energiedichte bedeuten, bei gleicher Leistung zu größeren Abmessungen der dampfführenden Teile (vor allem der Sattdampf-Turbine). Trotzdem sind die Kernkraftwerksblöcke leistungsmäßig die größten überhaupt, ihre Grenzleistung (gleichzeitig Standard-Bemessungsleistung) liegt zur Zeit bei 1350 MW. Nach Abschn. 2.1 müssen diese Turbosätze wegen der zulässigen Umfangsgeschwindigkeit der Turbinenschaufeln mit kleinerer Drehzahl laufen, was ebenfalls zu vergrößertem Bauvolumen bei Turbine und Generator führt. Man verwendet eine Turbine mit der Nenndrehzahl $n = 1500 \text{ min}^{-1}$, die mit dem 4-poligen Generator unmittelbar gekuppelt ist.

Im Ausland werden teilweise auch andere Baulinien verfolgt, beispielsweise gasgekühlte und graphitmoderierte Reaktoren in Großbritannien und Rußland. Der in Tafel 4.1 aufgeführte **Hochtemperaturreaktor** ist von besonderem Interesse, weil er mit erheblich höherer Kühlmitteltemperatur arbeitet als der Leichtwasserreaktor. Mit diesem Reaktor kann man Wärme auf einem Temperaturniveau von 800°C und mehr erzeugen. Für die Stromerzeugung sind damit Dampfzustände erreichbar, die denen konventioneller Dampfkraftwerke gleichen. Außerdem ist der Hochtemperaturreaktor (abgekürzt HTR) besonders für die Kraft-Wärme-Kopplung geeignet. Der Kernbrennstoff kann in Kugelform eingesetzt werden (Kugelhaufenreaktor), was den Vorteil bietet, daß ständig abgebrannte Kugeln (etwa tennisballgroß) dem Reaktor entzogen und frische zugeführt werden können, so daß der sonst übliche Stillstand für den Brennelementwechsel entfällt. Der Moderator ist Graphit (als Schale um den Brennstoffkern) und das Kühlmittel Helium (umströmt die Kugeln). Als Arbeitsmittel kommt entweder Wasser (Dampfturbine) oder ebenfalls Helium (Gasturbine) in Betracht.

Der HTR wird als "inhärent sicher" bezeichnet. Dies bedeutet, daß bei Beschränkung auf eine Leistungsgröße von ca. 250 MW die Kugeltemperatur - bedingt durch die große Oberfläche - immer niedriger als die Entzündungstemperatur des Graphits bleibt, so daß ein "Durchgehen" auch bei Ausfall der Kühlung nicht möglich ist. Dazu kommt der (auch bei Leichtwasserreaktoren auftretende) negative Temperaturkoeffizient, was bedeutet, daß bei steigender Temperatur die Spaltrate im Brennstoff abnimmt.

Weiterhin gibt es Reaktoren, die mit **Natururan** als Spaltstoff arbeiten und Schweres Wasser als Moderator verwenden. Sie sind derzeit nur im Ausland zu finden (Argentinien, Kanada).

Bezüglich der schon erwähnten **Sicherheit** bei Störfällen ist der größte anzunehmende Unfall (GAU) das Zusammenschmelzen des Reaktorkerns mit anschließendem Austritt der Spaltprodukte ins Freie. Dies kann bei Ausfall der Kühlung wegen der Nachzerfallswärme der Spaltprodukte auch nach Abschaltung des Reaktors eintreten. Für diesen Fall werden umfangreiche Sicherheitsmaßnahmen vorgesehen, von denen hier nur die redundante Notstromversorgung durch Dieselaggregate speziell für die Nachkühlpumpen und das Vorhandensein eines **Containments** genannt werden sollen. Letzteres bedeutet, daß der gesamte Reaktor mit einer Sicherheitshülle aus Stahl und Beton umgeben ist, die so ausgelegt ist, daß ein Entweichen radioaktiver Gase oder Flüssigkeiten in die Umgebung zuverlässig verhindert wird.

Das in Bild 4.14 gezeigte **Reaktorgebäude** eines Kernkraftwerks mit Druckwasserreaktor läßt die Sicherheitshüllen gut erkennen. Außerdem sieht man als Hauptelemente neben dem Reaktordruckbehälter, in dem der Brennstoff eingeschlossen ist, vier Dampferzeuger, Pumpen, ein Zwischenlagerbecken für abgebrannte

Brennelemente sowie die Zugangsschleuse durch das Containment, die nötig ist, da im Inneren des Reaktorgebäudes stets leichter Unterdruck herrscht. Flutbehälter bilden eine zusätzliche Wasserreserve für den Notfall. Da Spaltprodukte und Verunreinigungen, die mit dem Reaktorkern in Berührung kommen, **radioaktive Strahlung** (α-, β- und γ-Strahlung mit unterschiedlicher Wirkung und Intensität) aussenden, können die meisten Räume des Reaktorgebäudes während des Betriebs des Kraftwerks nicht begangen werden. Für eine weitere Zone (Kontrollbereich) müssen bei Betreten bestimmte Vorschriften des **Strahlenschutzes** eingehalten werden. Grenzwerte für die Strahlenbelastung von Menschen sind in der Strahlenschutzverordnung festgelegt, das Betriebspersonal wird ständig diesbezüglich überwacht.

Ein weiteres zentrales Problem neben der Sicherheit im Betrieb stellt die **Entsorgung** dar. Darunter versteht man die Beseitigung bzw. Wiederaufarbeitung des abgebrannten Brennstoffs. Während bei einem Kohlekraftwerk der Abfall in Form

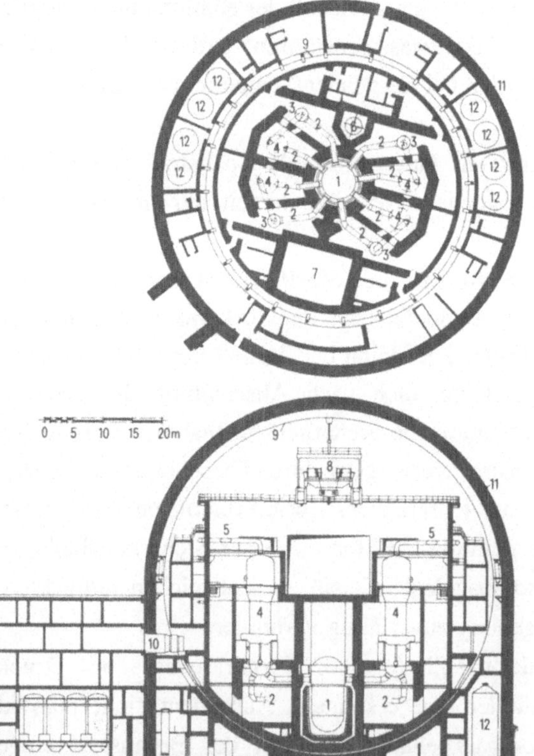

1 Reaktordruckbehälter
2 Hauptkühlmittelleitung
3 Hauptkühlmittelpumpen
4 Dampferzeuger
5 Frischdampfleitung
6 Druckhalter
7 Brennelement-Lagerbecken
8 Kran
9 Stahlsicherheitshülle
10 Schleuse
11 Stahlbetonhülle
12 Flutbehälter

Bild 4.14 Reaktorgebäude eines Kernkraftwerks mit Druckwasserreaktor

Tafel 4.2 Brennstoff für ein 1000 MW - Leichtwasserkernkraftwerk

Reaktor:		
-Thermischer Neutronenfluß	$2{,}9 \cdot 10^{13}$	$n/s{\cdot}cm^2$
-Spezifische Leistung	30	MW/t Uran
-Abbrand	33000	MWd/t Uran
-Entladung	30	t Uran/a
Bestrahlter Brennstoff (30 t):		
-Spaltprodukte (insgesamt)	1	t
-Transuranelemente (insgesamt)	300	kg
-Resturan	28,7	t
Transurane:		
-Plutonium	270	kg
-Neptunium	25	kg
-Americium	4	kg
-Curium	1	kg

von Asche auf Deponien abgelagert wird, ist dieses Verfahren bei Kernbrennstoffen nicht möglich, da in den abgebrannten Brennelementen stark, mittel und schwach strahlende Spaltprodukte enthalten sind. Darüber hinaus ist ein Teil des abgebrannten Brennstoffs noch verwendbar. Tafel 4.2 enthält einige Zahlenangaben über den Brennstoffeinsatz für ein 1000 MW - Leichtwasserkernkraftwerk. Wegen der hohen Energiedichte des Urans bei der Kernspaltung - 1 kg U-235 würde bei vollständiger Spaltung 24 GWh freisetzen, das entspricht dem Energiegehalt von 3000 t Steinkohle bei deren Verbrennung - ergibt 1 t angereichertes Uran eine Leistung von etwa 30 MW. Für die genannte Kraftwerksgröße fallen bei einem Abbrand von 33 000 MWd/t pro Jahr ungefähr 30 t Uran an, die bei dem jährlich vorgenommenen Brennelementwechsel dem Reaktor entnommen werden. Sie enthalten 1,3 t strahlende Spaltprodukte einschließlich Transurane, die in Tafel 4.2 genauer aufgeschlüsselt sind.

Das bedeutet, daß etwa 96 % des eingesetzten Urans wiederverwertbar sind. Es ist also grundsätzlich naheliegend, diesen "Abfall" nicht zu deponieren (direkte Endlagerung), sondern ihn durch **Wiederaufarbeitung** einer weiteren Nutzung zuzuführen.

Die ausgedienten Brennelemente werden zunächst etwa ein halbes Jahr in einem Wasserbecken des Kraftwerks (s. auch Bild 4.14) zum Abklingen der Strahlung **zwischengelagert**. Danach ist die Gesamtstrahlung auf etwa 1 % des Anfangswerts abgeklungen und die Brennelemente können zu einer Wiederaufarbeitungsanlage transportiert werden, wo Uran und Plutonium von den Spaltprodukten getrennt werden. Letztere sind nicht verwertbar und müssen strahlensicher, temperaturbeständig, mechanisch fest und auslaugbeständig **endgelagert** werden (hochaktive Abfälle z.B. durch Einschließen in einer Glasschmelze). Das endzulagernde Volumen ist gegenüber der direkten Endlagerung der vollständigen Brennelemente nur ein Bruchteil, dafür entsteht das zusätzliche Risiko von Transport und Fabrikation. Das wiedergewonnene Uran bzw. Plutonium kann zur Herstellung neuer Brennelemente (Mischoxid (MOX) - Brennelemente) verwendet werden, womit der Brennstoffkreislauf geschlossen ist.

Während die Wiederaufarbeitung bereits eine mehrfache Nutzung des (auch nur begrenzt verfügbaren) Urans bedeutet, kann in einem anderen Reaktortyp, dem **Schnellen Brüter**, die Urannutzung sogar auf das bis zu 60-fache (theoretisch) gesteigert werden. Der Schnelle Brüter benötigt keinen Moderator, da er mit schnellen, nicht abgebremsten Neutronen arbeitet. Dies bewirkt, daß ein großer Teil des sonst nicht genutzten U-238 durch die schnellen Neutronen in Pu-239 verwandelt wird, das wiederum als Spaltstoff in thermischen (also mit langsamen Neutronen arbeitenden) Reaktoren eingesetzt werden kann (s.o). Es handelt sich demnach um eine Konversion von nicht spaltbarem in spaltbares Material. Dieser "Brutvorgang" läuft neben der Spaltung des U-235 ab, die auch hier der Wärmeerzeugung dient. Man erreicht damit, daß mehr Spaltstoff "erbrütet" als verbraucht wird. Als Kühlmittel dient flüssiges Natrium, wobei zwischen dem primären Natrium-Kreislauf und dem sekundären Wasser-Dampf-Kreislauf aus Sicherheitsgründen ein weiterer Natrium-Zwischenkreis vorgesehen ist. Mit diesem Reaktortyp, der lediglich in einigen Prototypen existiert, läßt sich eine nicht unerhebliche Streckung der begrenzten Uranvorräte erreichen.

Atomare Energie kann außer mit der Kernspaltung (Fission) auch durch **Kernfusion** freigesetzt werden, und zwar in wesentlich größerer Menge. Dieser Vorgang, aus dem die Sonne ihre Strahlungsenergie bezieht, besteht aus der Verschmelzung von schweren Wasserstoffkernen (Deuterium und Tritium), bei der Wärme frei wird. Die Schwierigkeit dabei ist, daß die Kernverschmelzung erst bei extrem hohen Temperaturen (etwa 100 Mio °C) gelingt. Das bei dieser Temperatur vorliegende Plasma (freiliegende Atomkerne) wird durch starke Magnetfelder in einer vorgegebenen Form gehalten, zu deren Erzeugung supraleitende Magnetspulen (-269°C) eingesetzt werden. Aus dem räumlich engen Nebeneinanderbestehen dieser beiden Temperaturniveaus wird deutlich, wie problematisch die Beherrschung derartiger Vorgänge ist. Rohstoff ist Meerwasser, in dem Deuterium in kleinen Bestandteilen vorhanden ist; allerdings ist das ebenfalls nötige radioaktive Tritium nur künstlich herzustellen. Das Verfahren befindet sich im Vorversuchsstadium. An einen kontrollierten und steuerbaren Ablauf zum Zwecke der Energieumwandlung ist vorerst nicht zu denken, wenn dies auch das Ziel der in verschiedenen Ländern durchgeführten Fusionsforschung ist.

Beispiel 4.2 In einem 1200 MW - Kernkraftwerk mit der mittleren Jahresbenutzungsdauer T_m = 6500 h sollen zwei gleich große Turbosätze installiert sein, deren Generatoren (Nenndaten: U_n = 27 kV, cos φ = 0,8 ind., η_G = 97,4 %) über zwei Blocktransformatoren in ein Hochspannungsnetz einspeisen. Der verwendete Kernbrennstoff habe einen Abbrand von 19 000 Megawatt-Tagen je Tonne (MWd/t). Der Gesamtbruttowirkungsgrad η_{ges} betrage 33 %.

Zu ermitteln sind:

- der nutzbare Energieinhalt des Brennstoffs W_B in kWh/g,
- die zur Erzeugung einer kWh erforderliche Brennstoffmenge b in g/kWh,
- die Brennstoffmenge B für eine Betriebsdauer des Kraftwerks von 5 Jahren,
- Generatornennstrom und Turbinenleistung je Block.

Aus dem angegebenen Abbrand ergibt sich durch Umrechnung der Einheiten unmittelbar der für die Nutzung verfügbare Energieinhalt zu W_B = 456 kWh/g, der dem Heizwert H_u entspricht. Daraus folgt unter Berücksichtigung des Gesamtwirkungsgrads die Brennstoffmenge, die für eine kWh erforderlich ist, in Anlehnung an Gl. 4.10

$$b = \frac{1}{W_B\,\eta_{ges}} = \frac{1}{456\,kWh/g \cdot 0{,}33} = 6{,}65\cdot 10^{-3}\,\frac{g}{kWh}$$

Die gesamte Brennstoffmenge für 5 Jahre errechnet sich über die in diesem Zeitraum erzeugte Energie nach Gl. 1.1

$$W_{el,5a} = P_{max}\,T_m = 1200\,MW \cdot 6500\,h/a \cdot 5\,a = 39\cdot 10^9\,kWh$$

zu

$$B_{ges} = b\ W_{el,5a} = 6{,}65 \cdot 10^{-3} \frac{g}{kWh} \cdot 39 \cdot 10^9\ kWh = 259{,}4\ t$$

Der Generatorstrom ist mit der bekannten Beziehung für die Drehstromleistung

$$I_G = \frac{P}{\sqrt{3}\ U_n \cos\varphi} = \frac{1200\ MW}{2 \cdot \sqrt{3} \cdot 27\ kV \cdot 0{,}8} = 16{,}04\ kA$$

und die Leistung einer Turbine mit dem Generatorwirkungsgrad

$$P_T = \frac{P_G}{\eta_G} = \frac{600\ MW}{0{,}974} = 616\ MW$$

4.5 Gasturbinenkraftwerke

Im Gegensatz zu den bisher behandelten Kraftwerksarten arbeitet das Gasturbinenkraftwerk, das auch zur Gruppe der Wärmekraftwerke zählt, im offenen Prozeß; der Wärmeträger wird also nach Abgabe seiner Energie an die Welle in die Umgebungsluft abgeleitet.

Bild 4.15 zeigt das Schema des **Gasturbinenprozesses**, der ohne Zwischenwärmeträger auskommt. Durch einen auf der gemeinsamen Welle rotierenden Verdichter wird Luft angesaugt und komprimiert. Über einen vom Abgas beheizten

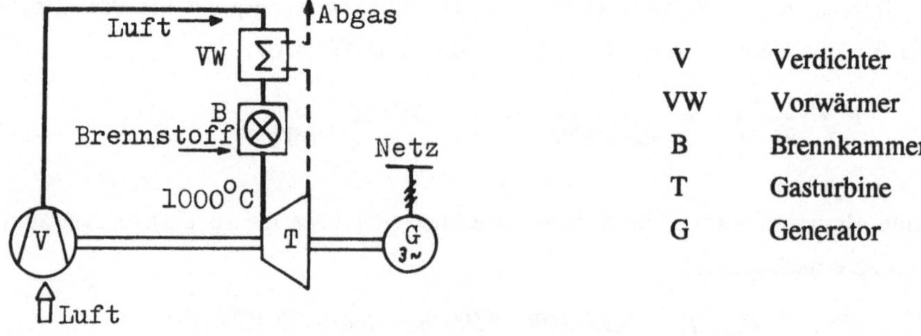

Bild 4.15 Schema eines Gasturbinenkraftwerks

Vorwärmer gelangt die Ansaugluft auf hohem Druckniveau in die Brennkammer. Dort wird Öl oder Gas zugeführt und das Gemisch entzündet. Die entstehenden Verbrennungsgase haben eine Temperatur von 850 bis 1100°C und treiben direkt eine Gasturbine an, die mit Verdichter und Generator gekuppelt ist. Nach Verlassen der Turbine haben die Abgase noch eine recht hohe Temperatur (etwa 500°C) und werden, nachdem sie einen Teil ihrer Wärmeenergie im Vorwärmer an die Zuluft abgegeben haben, über den Kamin ins Freie abgeführt. Es liegt also ein offener Kreisprozeß vor (periodische Zustandsänderungen), bei dem das Arbeitsmittel ausgetauscht wird.

Den theoretischen **Ablauf des Prozesses** im T,S - Diagramm (T = absolute Temperatur, S = Entropie) veranschaulicht Bild 4.16 für das vereinfachte System ohne Vorwärmung. Die vom Verdichter angesaugte Luft wird adiabatisch, also ohne Zu- oder Abfuhr von Wärme, verdichtet (1-2). In der Brennkammer wird sie durch Verbrennung des zugesetzten Brennstoffs isobar (bei gleichem Druck) erhitzt (2-3) und in der Turbine wiederum adiabatisch entspannt (3-4). Die Abkühlung (4-1) erfolgt dann wieder isobar. Wegen der in der Praxis auftretenden Wirkungsgrade von Verdichter und Turbine (Verdichtung und Entspannung verlaufen nicht adiabatisch) entspricht der tatsächliche Ablauf etwa dem Kurvenzug 1-2'-3-4'.

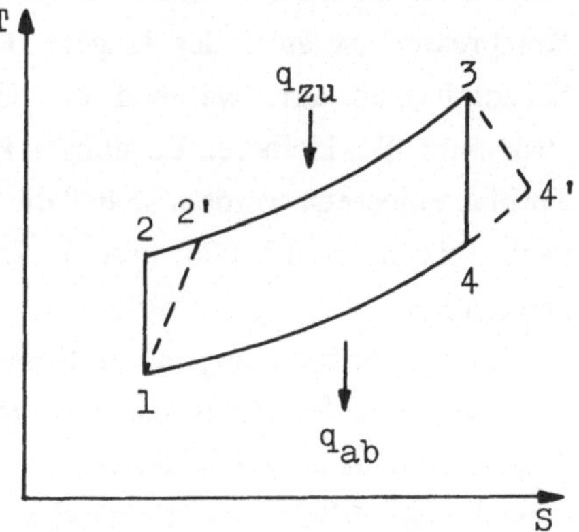

Bild 4.16 Gasturbinenprozeß im T,S - Diagramm

Der **Wirkungsgrad** dieses Prozesses ist proportional der Temperaturdifferenz T(3) - T(4') und wegen der hohen Abgastemperatur mit 25 bis 30 % deutlich kleiner als beim Dampfkraftwerksprozeß, wobei die 30 %-Marke erst in jüngster Zeit durch Erhöhung der Verbrennungstemperatur über 1000°C erreicht wurde. Dies bedingt die Notwendigkeit, die erste Schaufelreihe der Turbine mit Kompressorluft zu kühlen. Auch durch mehrstufige Vorwärmung der Ansaugluft läßt sich der Wirkungsgrad verbessern. Dies macht jedoch den großen Vorteil des Gasturbinenkraftwerks teilweise zunichte: die niedrigen spezifischen **Anlagekosten**, die wegen des vergleichsweise geringen anlagentechnischen Aufwands (kein Dampfsystem, keine aufwendige Kühlung, Freiluftaufstellung möglich) pro kW bei etwa einem Viertel bis einem Drittel der Kosten des Dampfkraftwerks liegen.

Dieser Kostenfaktor (s. auch Abschn. 1.2) sowie die kurzen Startzeiten (vom Stillstand bis Vollast in 5 bis 10 min) prädestinieren das Gasturbinenkraftwerk zur **Spitzendeckung**, wofür es in Mitteleuropa auch hauptsächlich verwendet wird. Dazu paßt auch die relativ kleine Grenzleistung, die heute bei etwa 150 MW pro Gasturbinensatz liegt. Diese elektrische Bruttoleistung entspricht gleichzeitig der Nettoleistung, da praktisch kein Eigenbedarf (im Kompressor enthalten) benötigt wird. Das gleiche gilt damit auch für die Wirkungsgrade.

Die Leistung der Gasturbine selbst ist jedoch wesentlich größer, sie liegt bei mehr als 400 MW für den genannten Grenzleistungsfall. Dies ist dadurch bedingt, daß ungefähr zwei Drittel der Turbinenleistung für den Antrieb des Verdichters verbraucht werden und somit nur ein Drittel für den Generatorantrieb zur Verfügung steht. Der Kompressor ist auch der längere Teil des Gasturbinensatzes, er weist rund 20 Schaufelreihen auf, während die Gasturbine selbst mit etwa 5 Schaufelreihen auskommt. Bei kleineren Leistungen kann auch ein Getriebe zwischen Generator und Turbine eingesetzt werden, so daß die Drehzahl der Gasturbine höher gewählt werden kann (bis $n = 12\,000\ \text{min}^{-1}$). Die Geräuschentwicklung ist dabei allerdings beträchtlich.

Wie ein Verbrennungsmotor kann auch die Gasturbine nicht vom Stillstand aus selbsttätig anlaufen. Es ist daher ein in der Drehzahl regelbarer **Anwurfmotor** nötig, dessen Leistung etwa 2 % der elektrischen Nennleistung beträgt. Dieser Anwurfmotor fährt die Gasturbine - meist über eine Automatik - auf Zünddrehzahl, die bei $n = 700\ \text{min}^{-1}$ liegt. Nach der Zündung kann die Gasturbine dann selbständig bis auf Nenndrehzahl beschleunigen; der Anwurfmotor läuft dann entweder spannungslos mit oder wird automatisch abgekuppelt.

Wegen der kurzen Bau- und Montagezeiten ist das Gasturbinenkraftwerk häufig die geeignete Lösung, wenn schnell die Erzeugerleistung bei einem Stromversorgungsunternehmen vergrößert werden soll.

Als **Sonderanwendungen** bieten sich einmal die Verwendung der Gasturbine im geschlossenen Helium-Kreislauf des Hochtemperaturreaktors an (s. Abschn. 4.4), zum anderen als Gasturbinen-Luftspeicherkraftwerk. Eine derartige (erstmals in Huntorf bei Bremen ausgeführte) Anlage arbeitet im Speicherbetrieb ähnlich einem Pumpspeicher-Wasserkraftwerk (s. Abschn. 4.7), nur daß hier nicht Wasser, sondern verdichtete Luft gespeichert wird. Die auf 65 bar (Beispiel Huntorf) komprimierte Luft wird in einen Salzstock gepreßt. Während der Dauer von 2 h kann dann die

Anlage mit voller Turbinenleistung (290 MW) ohne Verdichter zur Spitzendeckung betrieben werden. Die Aufladung des Luftspeichers (Volumen V = 300 000 m^3) erfordert 60 MW aus dem Netz für die Dauer von 8 h.

Die Kombination von Gasturbine mit konventionellem Dampfkraftwerk zwecks Erhöhung des Wirkungsgrads (GUD-Kraftwerk) wird in Kapitel 6 näher beschrieben.

4.6 Dieselkraftwerke

In Dieselkraftwerken werden Verbrennungsmotoren nach dem Diesel-Prinzip für den Generatorantrieb eingesetzt. Die Umwandlung in Bewegungsenergie findet ohne Zwischenenergieträger unmittelbar bei der Verbrennung des Kraftstoffs im Dieselmotor statt.

Es werden **Dieselmotoren** in Zweitakt- und Viertaktbauweise verwendet. Zweitaktmaschinen erreichen als **Langsamläufer** (n = 75 bis 400 min^{-1}) Leistungen bis 30 MW. Diese auch für den Schiffsantrieb benutzten Motoren sind für Grundlastbetrieb geeignet und in kleinen Inselnetzen, z.B. in Entwicklungsländern, häufig zu finden.

Der **mittelschnellaufende** Viertaktmotor mit Nenndrehzahlen zwischen 400 und 1000 min^{-1} ist für Dieselgeneratoren bis zu einer Grröße von 10 MW geeignet. Wegen seiner kleineren Abmessungen ist er vielfältig verwendbar und stellt an entlegenen Einsatzorten ohne Infrastruktur, wo die Brennstoffversorgung schwierig und die Verbraucherleistung klein ist, oft die einzige Möglichkeit zur Elektrizitätsversorgung dar.

Schnellaufende Aggregate - unter einem Aggregat versteht man hier die auf einen gemeinsamen Grundrahmen montierte Einheit aus Dieselmotor und Generator - laufen mit der Drehzahl n = 1500/1600 min^{-1} (im 50/60 Hz-Netz) und werden zur Spitzendeckung oder als Netzersatzanlage (Notstromaggregat) bis zu einer Einheitengröße von etwa 5 MW eingesetzt (s.u.). Auch in Blockheizkraftwerken (BHKW) finden sie zunehmend Verwendung, wobei die Motorabwärme zu Heizzwecken genutzt werden kann.

Bei der Planung der Leistungsgröße von Dieselgeneratoren ist u.a. zu beachten, daß insbesondere bei Inselversorgungen (also ohne Anbindung an ein Verbundnetz) stets die Klingenberg-Regel erfüllt ist. Diese besagt, daß bei Vorhandensein mehrerer Maschinensätze die Versorgung nur bis zu der Leistung gesichert ist, die übrig bleibt, wenn die größte Einheit ausfällt. Dazu kommt noch, daß die technische Verfügbarkeit von Dieselgeneratoren - vor allem bei mangelhafter Wartung - nicht diejenige anderer Kraftwerksarten erreicht. Daher sind die vorzusehenden Reserveleistungen recht erheblich, wenn die Dauerstromversorgung mit Dieselgeneratoren sicher sein soll.

Besondere Aufmerksamkeit verdient die Kühlung der Dieselgeneratoren an den sehr unterschiedlichen Standorten. Sie kann grundsätzlich mit Luft oder Wasser erfolgen, wobei die Wasserkühlung entweder wie beim Dampfkraftwerk als direkte Flußwasserkühlung oder als geschlossenes System mit einem Wasser/Luft-Wärmetauscher (Radiatorkühler mit Lüfter, ähnlich wie in der Kraftfahrzeugtechnik) ausgeführt wird.

Die Dieselmotoren werden meist ohne Getriebe mit dem Generator starr gekuppelt. Bei großen Maschinen mit ihrer aus Verschleißgründen kleineren Motordrehzahl setzt man Generatoren mit entsprechend großer Polzahl nach Gl. (2.1) ein. Die nötige Leistung des Dieselmotors P_D ergibt sich aus der abgegebenen Generatorleistung P_G und dem Generatorwirkungsgrad η_G zu

$$P_D = \frac{P_G}{\eta_G} \tag{4.13}$$

Der Kühlluftbedarf bei Luftkühlung kann angenähert zu 70 m^3/kWh angenommen werden, während sich bei Wasserkühlung für den Kühlwasserbedarf durch Anpassung der bei der Dampfkraftwerkskühlung benutzten Gl. (4.12) ergibt

$$m_w = \frac{P_D\, q_{ab}}{c_w\, \Delta t_w} \tag{4.14}$$

Darin ist als neue Größe q_{ab} die spezifische abzuführende Wärmemenge in kJ/kWh. Wegen der weitgehend ähnlichen Bauformen der einzelnen Dieselmotoren kann als Richtwert für Vorplanungen 3000 kJ/kWh bei kleinen Maschinen unter 100 kW und darüber 2500 kJ/kWh für q_{ab} angenommen werden, nach erfolgter Auswahl des Motors ist der Herstellerwert zu verwenden. Die über das Kühlwasser abzuführende Wärmemenge ergibt sich demnach durch Multiplikation dieses spezifischen Wertes mit der Dieselleistung P_D.

Steht der Dieselgenerator in einem geschlossenen Raum, ist auch die Raumabwärme zu berücksichtigen, für die entsprechende Raumbelüftung vorzusehen ist.

So bestimmt sich die Abwärme des im allgemeinen luftgekühlten Generators aus dem Generatorwirkungsgrad in % mit der Scheinleistung S_G

$$Q_G = S_G \cos\varphi \, \frac{100-\eta_G}{\eta_G} \tag{4.15}$$

und die Strahlungswärme des Dieselmotors mit dem spezifischen Brennstoffbedarf des Diesels b in kg/kWh, dem Heizwert des Brennstoffs H_u in kJ/kg und der spezifischen Strahlungswärme des Diesels q_{sD} in % der zugeführten Brennstoffenergie

$$Q_D = P_D \, b \, H_u \, q_{sD} \tag{4.16}$$

Als Anhaltswerte für q_{sD} gelten 4 % bei größeren, 6 % bei kleineren wassergekühlten Maschinen sowie 7 % bei luftgekühlten Maschinen.

Damit kann der Luftbedarf V_{ab} für die Raumabwärme berechnet werden. Dazu benötigt man die spezifische Wärme der Luft c_p = 1,3 kJ/m^3 K und die Temperaturdifferenz Δt_L zwischen Zu- und Abluft. Dann gilt

$$V_{ab} = \frac{Q_D + Q_G}{c_p \, \Delta t_L} \, k \tag{4.17}$$

Der Faktor k berücksichtigt den veränderlichen Luftdruck und wird maximal zu 1,25 angesetzt.

Der Bedarf an Verbrennungsluft, die dem Motor zuzuführen ist, wird meist auch als spezifischer Wert v_v in m^3/kWh angegeben und führt mit der Dieselleistung P_D zu dem Bedarf in m^3

$$V_v = P_D \, v_v \tag{4.18}$$

Übliche Werte für v_v sind 5,5 m^3/kWh für Motoren ohne und 6,0 m^3/kWh für solche mit Turbolader. (Alle Anhaltswerte dieses Abschnitts gelten für Viertaktmotoren üblicher Bauart).

Somit kann der gesamte Luftbedarf bestimmt werden.

Beispiel 4.3 Ein schnellaufendes Dieselaggregat von 170 kW Dieselleistung mit einem

Generator von 190 kVA Scheinleistung bei cos φ = 0,8 und Generatorwirkungsgrad 0,92 soll einen spezifischen Brennstoffverbrauch von 252 g/kWh aufweisen. Der Brennstoff hat einen unteren Heizwert von 42 MJ/kg und die spezifische Strahlungsabwärme des Motors ist 5 % der zugeführten Brennstoffenergie. Die Wasserkühlung des Motors soll eine Aufwärmspanne von 70 K und die Luftversorgung von 15 K haben.

Wie groß sind Wasser- und gesamter Luftbedarf für das in einem geschlossenen Raum aufgestellte Aggregat?

Nach Gl. 4.13 ist der Wasserbedarf bei 70 K Aufwärmspanne und einer mittleren Abwärmemenge von 2800 kJ/kWh

$$m_w = \frac{P_D\, q_{ab}}{c_w\, \Delta t_w} = \frac{170\,kW \cdot 2800\,kJ\; kg\; K}{4{,}2\,kJ \cdot 70\,K\; kWh} = 1619\,\frac{kg}{h}$$

Für den Luftbedarf wird zunächst die anfallende Wärmemenge von Generator und Dieselmotor nach den Gln. 4.14 und 4.15 errechnet

$$Q_{ges,ab} = Q_D + Q_G = P_D\, b\, H_u\, q_{sD} + S_G \cos\varphi\, \frac{100 - \eta_G}{\eta_G} =$$

$$= 170\,kW \cdot 0{,}252\,\frac{kg}{kWh}\, 42\,\frac{MJ}{kg}\, 0{,}05 + 190\,kVA \cdot 0{,}8\,\frac{100 - 92}{92} =$$

$$= 89{,}96\,\frac{MJ}{h} + 13{,}22\,kW \cdot 3600\,\frac{s}{h} = 137{,}56\,\frac{MJ}{h}$$

woraus sich der Abwärmeluftbedarf nach Gl. 4.16 ergibt

$$V_{ab} = \frac{Q_{ges,ab}}{c_p\, \Delta t_L}\, k = \frac{137{,}56\,MJ\; m^3\; K}{1{,}3\,kJ \cdot 15\,K\; h} \cdot 1{,}25 = 8818\,\frac{m^3}{h}$$

und mit dem Verbrennungsluftbedarf (Gl. 4.17)

$$V_v = P_D\, v_v = 170\,kVA \cdot 5{,}5\,\frac{m^3}{kWh} = 935\,\frac{m^3}{h}$$

der Gesamtluftbedarf

$$V_{ges} = V_v + V_{ab} = (935 + 8818)\,\frac{m^3}{h} = 9753\,\frac{m^3}{h}$$

Der **Gesamtwirkungsgrad** von Dieselkraftwerken liegt in der üblichen Größenordnung von Wärmekraftprozessen, nämlich bei η = 35 bis 40 %. Die höheren Werte werden erzielt, wenn die Ansaugluft mit einem von einer Abgasturbine angetriebenen Verdichter (Abgasturbolader) vorkomprimiert wird. Solcherart "aufgeladene" Motoren werden bei größeren Maschinensätzen häufig eingesetzt. Da die Anlagekosten geringer als beim Dampfkraftwerk sind und pro kW etwa die Größenordnung von Gasturbinenkraftwerken erreichen, bestimmt im wesentlichen der Preis des Brennstoffs (Schweröl oder Leichtöl) die Stromerzeugungskosten.

In Mitteleuropa werden Dieselgeneratoren ganz überwiegend in **Netzersatzanlagen** eingesetzt. Diese Notstromaggregate sollen die Stromversorgung wichtiger Verbraucher bei Ausfall der normalen Netzversorgung aufrechterhalten. Man unterscheidet zwischen Anlagen mit oder ohne Unterbrechung der Stromlieferung.

Normale Anforderungen erfüllt die Bauweise nach Bild 4.17 Schaltung a, bei der im Falle des Netzzusammenbruchs das Dieselaggregat angelassen und nach Erreichen von Nenndrehzahl und Nennspannung auf die Verbraucher geschaltet wird. Die spannungslose Pause beträgt dabei 5 bis 10 s. Damit der Diesel sicher anläuft, wird er ständig vorgewärmt und vorgeschmiert, und von Zeit zu Zeit ein Probelauf (Teilprobe

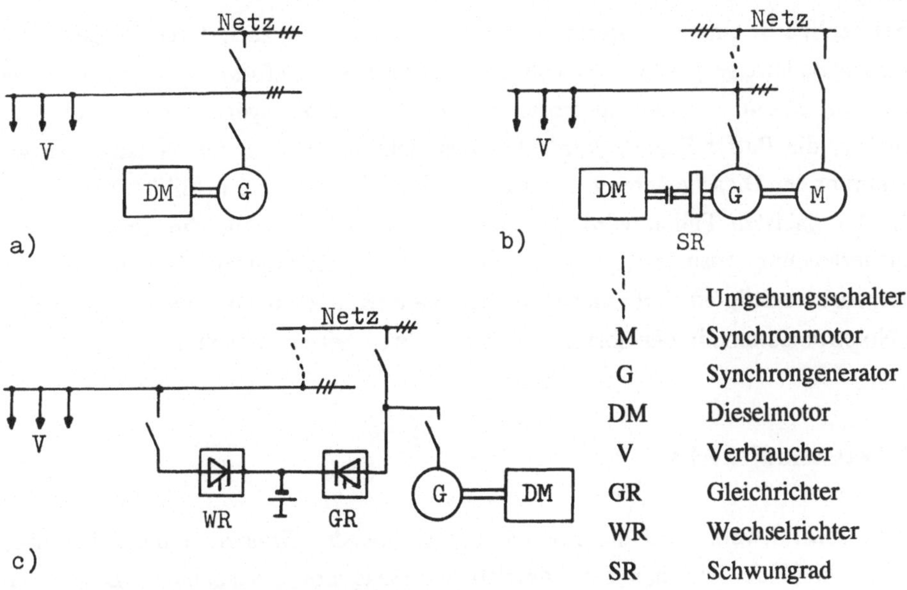

Bild 4.17 Schaltungen für Netzersatzanlagen

ohne Last bzw. Vollprobe mit Lastaufschaltung) durchgeführt.

Wenn die Unterbrechung kleiner als 1 s sein soll, kommt die Schaltung b nach Bild 4.17 in Betracht, bei der im Normalbetrieb ein Synchrongenerator von einem Synchronmotor angetrieben und vom Verbrauchernetz getrennt mitläuft. Dieser Motor/Generatorsatz treibt ein auf der Welle befindliches Schwungrad an, das bei Netzausfall kurzzeitig den Antrieb des Generators übernimmt. Gleichzeitig wird der Generatorschalter geschlossen und der Dieselmotor durch Ankuppeln an das Schwungrad angeworfen.

Sofortbereitschaftsanlagen, die keine Stromunterbrechung aufweisen, lassen sich durch verschiedene Schaltungen realisieren. Beispielsweise kann die zuletzt beschriebene Schaltung derart variiert werden, daß der Synchrongenerator ständig die Verbraucher speist. Bei Spannungsausfall ist dann keine Umschaltung nötig, das Schwungrad stellt vorübergehend die Antriebsenergie des Generators bis zum Hochlauf des Dieselmotors. Dabei wird entweder die Kupplung zwischen Diesel und Schwungrad geschlossen und dadurch der Diesel auf Drehzahl gebracht, oder man verwendet einen separaten Dieselgeneratorsatz. In beiden Fällen tritt eine kurzzeitige Frequenzabsenkung auf, deren Größe von der Dimensionierung des Schwungrads abhängt.

Schließlich ist eine unterbrechungslose Stromversorgung auch durch Einsatz eines von einer Batterie gespeisten Gleichstrom-Wechselstrom-Umformers zu erreichen, der meist aus einem Thyristor-Stromrichter besteht. Dieser speist ständig die Verbraucher, die Puffer-Batterie wird über das Netz aufgeladen. Bei Notstrombetrieb übernimmt der Dieselgenerator die Batterieladung (Schaltung c in Bild 4.17).

In den meisten Fällen wird die Netzersatzanlage nicht für die gesamte Verbraucherleistung ausgelegt, sondern nur für den wichtigsten Teil davon, die **notstromberechtigten** Verbraucher. Im Fall des Netzzusammenbruchs wird dann über die Notstromautomatik der übrige Teil der Verbraucher abgeschaltet.

4.7 Wasserkraftwerke

Im Wasserkraftwerk wird die Energie des strömenden Wassers unmittelbar über langsam laufende Turbinen zum Antrieb der Generatoren ausgenutzt. Diese sehr wirtschaftliche Art der Stromerzeugung ist gekennzeichnet durch den bei weitem höchsten Wirkungsgrad aller Kraftwerksarten (bis 90 %), niedrige Betriebskosten (wenig Personal), nicht vorhandene Brennstoffkosten, aber relativ hohe Anlagekosten. Schadstoffemissionen und schädliche Wärmeabgabe an die Umgebung gibt es nicht. Außerdem weisen Wasserkraftwerke eine geringe Ausfallrate auf, da sie in der Regel technisch unkompliziert aufgebaut sind.

Man kann Wasserkraftwerke nach verschiedenen Gesichtspunkten unterscheiden,

- nach dem Wasserangebot: Laufwasserkraftwerke, Speicherkraftwerke;

- nach dem Nutzgefälle: Niederdruck-, Mitteldruck-, Hochdruckkraftwerke;

- nach der Lage: Fluß-, Kanal-, Talsperrenkraftwerke;

- nach der Bauart: Hallen-, Außenkran-, Pfeilerbauweise, überflutbare Kraftwerke.

Laufwasserkraftwerke befinden sich unmittelbar im strömenden Wasser eines Flusses oder in einem Seitenkanal. Es sind Niederdruckanlagen mit bis zu 10 m Fallhöhe, bei denen größere Leistungen nur durch große Wassermengenströme zu erzielen sind. Die zur Verfügung stehenden Wassermengen sind je nach Anfall zu verwerten, daher dienen diese Anlagen zur Deckung von Grundlast. Geregelt wird bei Bedarf nach dem Oberwasserstand.

Bild 4.18 zeigt einige **Bauformen** von Laufwasserkraftwerken. Während das Flußkraftwerk unmittelbar im Flußlauf liegt, wird durch das Kanalkraftwerk nur ein Teil der Flußwassermenge geleitet. Dabei kann die Anlage mit oder ohne Maschinenhaus ausgeführt werden. Im letzteren Fall werden die Turbinen im Wehr bzw. in Pfeilern desselben untergebracht. Für Montage- und Wartungsarbeiten ist ein

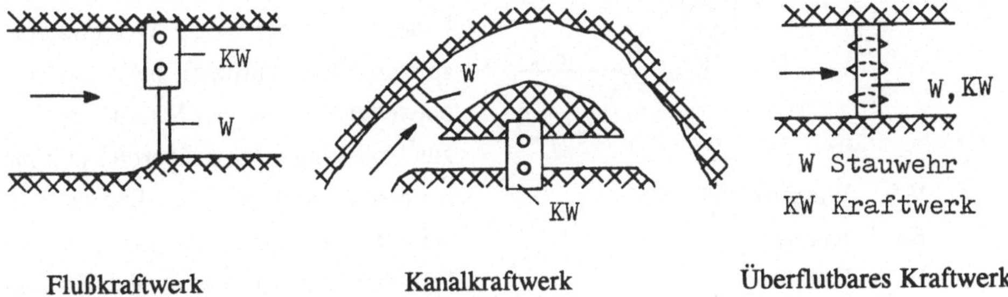

Bild 4.18 Bauformen von Laufwasserkraftwerken

fahrbarer Kran vorgesehen, die Maschinen sind also von oben zugänglich und weisen in der Regel eine senkrechte Welle auf.

Eine besonders umweltfreundliche Bauform ist das überflutbare Unterwasserkraftwerk, bei dem Rohrturbinen (s. später) unterhalb des Wasserspiegels in ein Stauwehr eingebaut sind. Von der Anlage ist nur das Wehr sichtbar, das bei größerem Wasseranfall überflutet werden kann.

Oft werden mehrere Staustufen geringer Fallhöhe hintereinander in einem Flußlauf angelegt. Eine solche **Kraftwerkskette** läßt sich - zentral gesteuert - im **Schwellbetrieb** fahren, wenn man einige kleinere Pufferbecken vorsieht, die in Schwachlastzeiten das Wasser geringfügig aufstauen. Man kann dann in Starklastzeiten mit größerer Wassermenge die Turbinen beaufschlagen, als es dem Zulauf entspricht.

Der **Wirkungsgrad** erreicht, da lediglich Strömungsverluste in der Turbine auftreten, den genannten Maximalwert von 90 % und mehr. Bei den anschließend behandelten Speicherkraftwerken kommt die Rohrreibung der Wasserzuführung dazu, so daß hier die erreichbaren Wirkungsgrade etwas niedriger liegen (80 - 85 %). Da der Eigenbedarf im Wasserkraftwerk äußerst klein ist, bedeuten diese Werte auch gleichzeitig den Nettowirkungsgrad.

Im **Speicherkraftwerk** wird die potentielle Energie des in einem natürlichen oder künstlich angelegten Speicherbecken (Tages-, Wochen- oder Jahreszeitspeicher) gesammelten Wassers über ein größeres Gefälle genutzt, wodurch größere Leistungen möglich sind. Speicherkraftwerke sind daher meist Mittel- oder Hochdruckanlagen mit Stauhöhen von H = 10 bis 100 m bzw. 100 bis 1800 m. (Als Stau- oder Fallhöhe gilt immer die Differenzhöhe von Ober- und Unterwasserspiegel). Die Turbinen befinden sich entweder am Fuße der Staumauer oder zur Erzielung einer größeren Fallhöhe in einem Seitental. In diesem Fall erfolgt der Wassertransport von dem Speicher zum Kraftwerk über Druckstollen oder Druckrohre. Bild 4.19 zeigt das Schema einer besonders

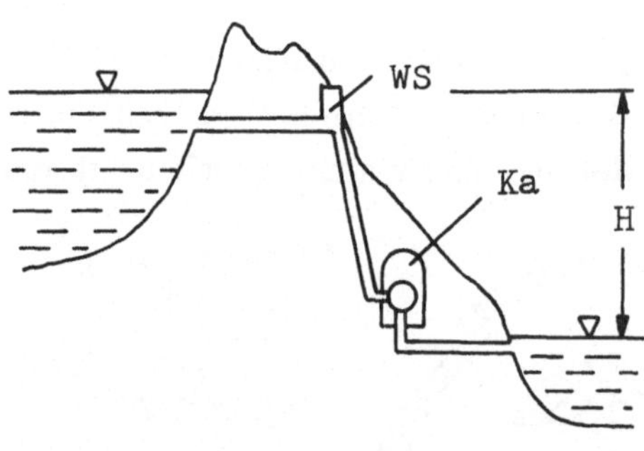

WS Wasserschloß
Ka Kaverne
H Fallhöhe

Bild 4.19 Hochdruckkavernenkraftwerk

umweltverträglichen, da von außen unsichtbaren Variante dieser Bauweise, nämlich ein **Hochdruck-Kavernenkraftwerk**, bei dem sich die Maschinensätze in einem in den Berg geschlagenen Hohlraum (Kaverne) befinden. Diese Bauart findet sich unter anderem in touristisch erschlossenen Regionen der Alpen.

Zum Ausgleich von Druckstößen, wie sie bei plötzlichen Laständerungen der Turbine (z.B. Notabschaltung durch eine Schutzeinrichtung) auftreten, wird bei derartigen Hochdruckanlagen ein **Wasserschloß** in die Druckleitung eingebaut, das aus einer aufnahmefähigen Wasserkammer besteht.

Im Gegensatz zum Laufwasserkraftwerk braucht beim Speicherkraftwerk zufließendes Wasser nicht unmittelbar verbraucht zu werden, sondern es kann in Zeiten geringer Netzbelastung gespeichert und bei erhöhtem Leistungsbedarf zur Energieumwandlung genutzt werden. Ein Speicherkraftwerk kann somit flexibel den Netzverhältnissen entsprechend eingesetzt und insbesondere zur Spitzendeckung herangezogen werden.

Eine Sonderbauform des Wasserkraftwerks ist das **Pumpspeicherkraftwerk**, bei dem das Speicherprinzip noch stärker ausgenutzt wird. Nach Bild 4.20 wird das bei

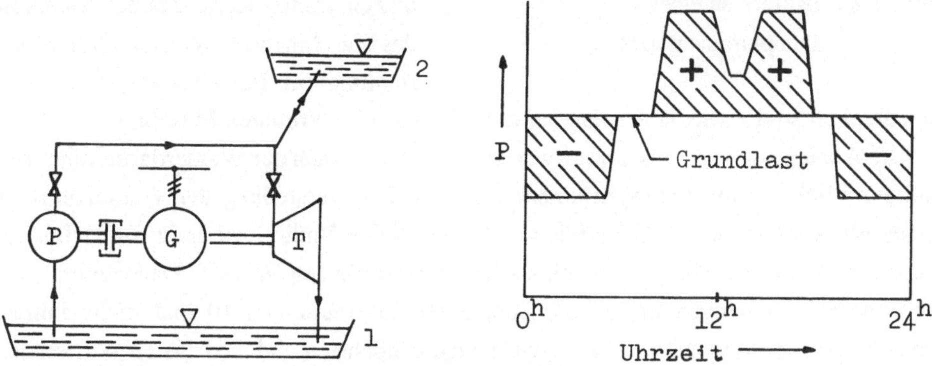

Bild 4.20 Prinzip des Pumpspeicherkraftwerks **Bild 4.21** Einsatzdiagramm

Leistungsabgabe (Turbinenbetrieb) von der Turbine T abgearbeitete Wasser in einem Becken 1 aufgefangen, um in Zeiten mit Leistungsüberschuß mit Netzstrom wieder in das Oberwasserbecken 2 zurückgepumpt zu werden (Pumpbetrieb). Dabei wird der Generator G als Motor zum Antrieb der Pumpe P verwendet. Diese Anlagen werden meist für Kurzzeitbetrieb (jeweils einige Stunden pro Tag Pump- bzw. Turbinenbetrieb) ausgelegt, um eine Vergleichmäßigung der stark schwankenden Netzbelastung

(Tagesbelastungskurve) zu erreichen. Die Benutzungsdauer der übrigen Maschinen wird demnach erhöht, wodurch deren Kosten sinken (s. Abschn. 1.2). In Bild 4.21 ist ein idealisiertes **Einsatzdiagramm** für ein Pumpspeicherwerk dargestellt, in dem die positiven Flächen erzeugte elektrische Arbeit (Turbinenbetrieb) und die negativen Flächen verbrauchte elektrische Arbeit (Pumpbetrieb) bedeuten. Der **Gesamtwirkungsgrad** bei dieser Betriebsweise ergibt sich aus dem Produkt der Einzelwirkungsgrade von Pump- und Turbinenbetrieb und liegt bei 70 %.

Bezüglich der **Ausführung** von Pumpe und Turbine lassen sich zwei Bauformen unterscheiden (Bild 4.22). Einmal (a) die getrennte Aufstellung von Pumpe und Turbine mit einer schaltbaren Kupplung, wobei die Drehrichtung in beiden Betriebszuständen gleich bleibt, zum anderen (b) die Verwendung einer Pumpturbine PT. Dabei wird der Maschinensatz beim Übergang von Turbinen- auf Pumpbetrieb stillgesetzt, und ein Motor übernimmt das Anfahren des Maschinensatzes mit anderer Drehrichtung im Pumpbetrieb. Die Umschaltzeiten sind etwas länger als bei der Lösung mit getrennten Maschinen.

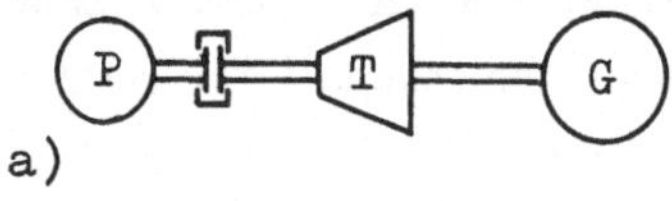

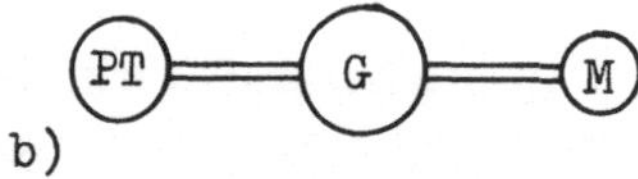

Bild 4.22 Bauformen eines Pumpturbinensatzes

Die **Auslegung** von Wasserkraftwerken richtet sich nach der Wasserdarbietung, die jahreszeitlichen Schwankungen unterworfen ist. Die Darstellung der Wasserführung eines Flusses kann durch Ganglinien und Dauerlinien ähnlich wie beim Elektrizitätsverbrauch erfolgen. Ganglinien zeigen den jahreszeitlichen Verlauf, Dauerlinien sind geordnete Fließmengenkurven, die über einen Zeitraum von 10 und mehr Jahren erstellt werden. Man unterscheidet zwischen den höchsten und niedrigsten Werten der Wasserführung eines Flusses in einem Betrachtungszeitraum, dem mittleren Hoch- bzw. Niedrigwasser sowie der mittleren Wasserführung. Bei für Dauerbetrieb nicht ausreichendem Wasserzufluß muß die optimale Auslegungsgröße nach wirtschaftlichen und Netzgesichtspunkten gefunden werden.

Für die Rohleistung eines Wasserkraftwerks (ohne Verluste) gilt

$$P_{roh} = \frac{W}{t} = \frac{m\,g\,H}{t} = \frac{\varrho\,V\,g\,H}{t} \tag{4.19}$$

wobei m die Masse und ρ die Dichte des Wassers (= 1 kg/dm^3 bei 20°C), V das

Volumen, g die Fallbeschleunigung (= 9,81 m/s²), H die Fallhöhe und t die Zeit bedeuten. Mit dem Wassermengenstrom Q = V/t folgt

$$P_{roh} = \varrho \; g \; Q \; H \tag{4.20}$$

Berücksichtigt man den Wirkungsgrad, der durch Verluste in Rohrleitung (R), Turbine (T) und Generator (G) verursacht wird, also

$$\eta_{ges} = \eta_R \; \eta_T \; \eta_G \tag{4.21}$$

so ergibt sich die abgegebene elektrische Leistung zu

$$P = \varrho \; g \; Q \; H \; \eta_{ges} \tag{4.22}$$

Dabei gilt die Umrechnung der Einheiten 1 W = 1 kg m^2/s^3. Durch Zusammenfassung der konstanten Werte und der Einheiten-Umrechnung kommt man zu der Zahlenwertgleichung mit der Leistung P in MW

$$P = \frac{Q \; H \; \eta_{ges}}{102} \tag{4.23}$$

wenn man Q in m^3/s und H in m einsetzt. Noch einfacher wird die Formel, wenn man für Überschlagsrechnungen den mittleren Wirkungsgrad 0,85 einsetzt; dann erhält man mit den gleichen Einheiten für Q und H die Faustformel für P in kW

$$P = 8 \; Q \; H \tag{4.24}$$

In analoger Weise kann man für die mit dem Speichervolumen V erzeugbare Energie W angeben

$$W = \varrho \; g \; V \; H \; \eta_{ges} \tag{4.25}$$

und für Überschlagsrechnungen die vereinfachte Version mit V in m^3 und W in kWh

$$W = \frac{V \; H}{435} \tag{4.26}$$

Für genaue Berechnungen ist zu berücksichtigen, daß die Wirkungsgrade vom Teillastverhalten der Wasserturbinen abhängen (s. Bild 4.26) und die Fallhöhe nicht konstant ist (Wasserspiegelabsenkung bei Leerlaufen des Speichers).

Bei der **Energieumwandlung** in Wasserkraftwerken ist außerdem zu beachten, daß die gemessene geodätische Fallhöhe zwischen Ober- und Unterwasserspiegel nicht vollständig genutzt werden kann. Nach Bernoulli gilt bei einer idealen Strömung für die hydraulische Nutzhöhe H_{nutz} mit dem Druck p, der geodätischen Höhe h und der Geschwindigkeit v

$$H_{nutz} = \left(\frac{p_e}{\varrho\, g} + \frac{v_e^2}{2\, g} + h_e\right) - \left(\frac{p_a}{\varrho\, g} + \frac{v_a^2}{2\, g} + h_a\right) \tag{4.27}$$

mit dem Index e für den Eingang und a für den Ausgang eines Systems. Die Differenz der drei Höhen (Druckhöhe, Geschwindigkeitshöhe und geodätische Höhe) am Eingang und Ausgang ergibt die tatsächlich nutzbare Höhe H_{nutz}.

Auf das System Speicherkraftwerk angewendet, ist der Eingang die Wasseroberfläche des Speichersees mit dem Überdruck $p_e = 0$, der Geschwindigkeit $v_e = 0$ und der geodätischen Höhe h_e, der Ausgang der Kraftwerksauslauf. Mit der geodätischen Fallhöhe $H = h_e - h_a$ folgt dann für die **Nutzfallhöhe**

$$H_{nutz} = H - \left(\frac{p_a}{\varrho\, g} + \frac{v_a^2}{2\, g}\right) \tag{4.28}$$

Da die Werte von Druck und Geschwindigkeit am Ausgang des Kraftwerks meist nicht Null sind, ist die Nutzfallhöhe kleiner als die geodätische Höhendifferenz, liegt aber bei modernen Speicherkraftwerken bei über 90 % derselben. Besonders Hochdruckanlagen nutzen fast 100 % der geodätischen Fallhöhe. In den Berechnungsformeln für Leistung und Energie ist stets die Nutzfallhöhe für H einzusetzen.

Beispiel 4.4 Ein Pumpspeicherkraftwerk mit H = 1200 m Nutzfallhöhe und einem Speicherbecken mit $A = 0{,}4\ km^2$ Oberfläche soll bei Turbinenbetrieb $P_{TB} = 200$ MW abgeben, dagegen bei Pumpbetrieb $S_{PB} = 200$ MVA bei $\cos\varphi = 0{,}8$ dem Netz entnehmen. Die maximale Wasserspiegelabsenkung gegenüber dem Normalzustand betrage $\Delta H = 2{,}5$ m. Die Einzelwirkungsgrade der Anlage sind:

Turbine $\eta_T = 92$ %; Pumpe $\eta_P = 91$ %; Gen./Mot. $\eta_{G,M} = 95$ %; Druckrohr $\eta_R = 88$ %

Zu bestimmen sind:

- die dem Stausee maximal entnehmbare Wassermenge V in m^3,
- der Wassermengenstrom Q in m^3/s bei Turbinenbetrieb und Pumpbetrieb sowie die Zeit t, während der beide Betriebsarten gefahren werden können,
- die während des Turbinenbetriebs an das Netz abgegebene und die während des Pumpbetriebs dem Netz entnommene Wirkarbeit W_{el},
- der Gesamtwirkungsgrad η_{ges} der Anlage.

Bei Annahme senkrechter Uferwände ist das entnehmbare Speichervolumen

$$V = \Delta H\, A = 2{,}5 m \cdot 0{,}4\, km^2 = 10^6\, m^3$$

Die abgegebene Leistung bei Turbinenbetrieb (TB) ist nach Gl. 4.23 (in MW)

$$P_{ab} = P_{TB} = \frac{Q_{TB}\, H}{102}\, \eta_{TB} = \frac{Q_{TB}\, H}{102}\, \eta_G\, \eta_T\, \eta_R$$

und daraus folgt der Wassermengenstrom bei Turbinenbetrieb

$$Q_{TB} = \frac{P_{TB} \cdot 102}{H\, \eta_G\, \eta_T\, \eta_R} = \frac{200\, MW \cdot 102}{1200\, m \cdot 0{,}95 \cdot 0{,}92 \cdot 0{,}88} = 22{,}1\, \frac{m^3}{s}$$

und die Turbinenbetriebszeit

$$t_{TB} = \frac{V}{Q_{TB}} = \frac{10^6\, m^3}{22{,}1\, m^3/s} = 45{,}25 \cdot 10^3\, s = 12{,}57\, h$$

Im Pumpbetrieb (PB) ist die zugeführte Leistung um die Verluste größer als die abgegebene, daher ist zu schreiben

$$P_{zu} = S_{PB}\, \cos\varphi = \frac{Q_{PB}\, H}{102}\, \frac{1}{\eta_{PB}} = \frac{Q_{PB}\, H}{102}\, \frac{1}{\eta_M\, \eta_P\, \eta_R}$$

und es ergibt sich daraus der Wassermengenstrom bei Pumpbetrieb

$$Q_{PB} = \frac{S_{PB}\, \cos\varphi \cdot 102}{H}\, \eta_M\, \eta_P\, \eta_R = \frac{200\, MVA \cdot 0{,}8 \cdot 102}{1200\, m}\, 0{,}95 \cdot 0{,}91 \cdot 0{,}88 =$$

$$= 10{,}35\, \frac{m^3}{s}$$

woraus sich die Pumpbetriebszeit analog zu oben zu $t_{PB} = 26{,}84$ h errechnet, also wegen der Wirklungsgrade erheblich länger als die Turbinenbetriebszeit.

Für die Wirkarbeit ergeben sich als Produkt der jeweiligen elektrischen Wirkleistung und der zugehörigen Betriebszeit für den Turbinenbetrieb $W_{el,TB}$ = 2514 MWh (eingespeist) und für den Pumpbetrieb $W_{el,PB}$ = 4294 MWh (entnommen).

Schließlich wird der Gesamtwirkungsgrad als Produkt des Pump- und Turbinenbetriebs-Wirkungsgrads

$$\eta_{ges} = \eta_{TB}\,\eta_{PB} = (\eta_G\,\eta_T\,\eta_R)(\eta_M\,\eta_P\,\eta_R) =$$

$$= 0{,}95 \cdot 0{,}92 \cdot 0{,}88 \cdot 0{,}95 \cdot 0{,}91 \cdot 0{,}88 = 0{,}585$$

Dieser Wert ergibt sich auch, wenn man die eingespeiste durch die entnommene Wirkarbeit dividiert, und ist hauptsächlich wegen der langen Rohrleitung, die doppelt in die Berechnung eingeht, ungewöhnlich klein.

Die **elektrische Schaltung** von Wasserkraftwerken gleicht weitgehend der von Dampfkraftwerken ähnlicher Größe, wobei die Blockschaltung gegenüber der Sammelschienenschaltung auch hier bevorzugt wird. Die Erregung der Schenkelpolgeneratoren wird meist mit statischen Erregereinrichtungen vorgenommen, die über Thyristorregler ihre Energie aus dem Netz beziehen. Da Wasserturbinensätze häufig mit senkrechter Welle ausgeführt werden, ist eine Erregermaschine auf der Welle aus schwingungstechnischen und baulichen Gründen nicht vorteilhaft.

Die Bauformen von **Wasserturbinen** unterscheiden sich unter anderem durch den Verstellmechanismus der Schaufeln für die Leistungsregelung und durch Verwendung in verschiedenen Druckbereichen (Fallhöhen). Zum Einsatz kommen hauptsächlich Kaplan-, Francis- und Pelton-Turbinen.

Die **Kaplanturbine** für Nutzfallhöhen zwischen 0 und 50 m hat verstellbare Leit- und Laufschaufeln für die Leistungsregelung. (Leitschaufeln sind auf dem festen, Laufschaufeln auf dem rotierenden Teil der Turbine angebracht, Bild 4.23). Da im Gegensatz zur Dampfturbine keine Entspannung des Arbeitsmittels, sondern eine Umlenkung stattfindet, kommt man bei Wasserturbinen grundsätzlich mit nur einer Schaufelreihe aus. Die

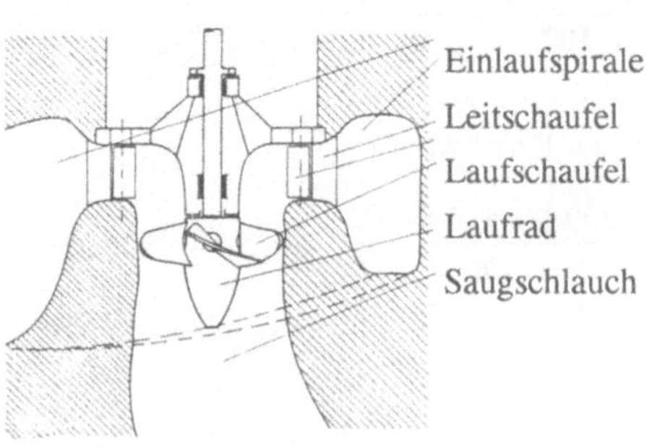

Bild 4.23 Kaplan-Turbine

Wasserumlenkung der Kaplanturbine geschieht vor Eintritt in das Laufrad. Der Wirkungsgradverlauf bei Teillast ist weitgehend flach, also günstig (Bild 4.26). Der Abfall in der Wirkungsgradkurve setzt erst unterhalb von 40 % der Nennleistung ein.

Eine Abwandlung dieser Turbinenbauform ist die **Rohrturbine**, bei der Generator und Turbine in einem Gehäuse zusammengebaut und innerhalb eines wasserdurchflossenen Rohres horizontal angeordnet sind. Generatorpolrad und Turbinenlaufrad bilden eine Einheit. Als Turbine kommt neben der Kaplan-Bauart auch eine Propeller-Turbine mit starrem Laufrad in Betracht, die aber nach Bild 4.26 ein relativ schlechtes Teillastverhalten aufweist. Derartige Rohrturbinen werden für kleinere Leistungen in das Stauwehr eines überflutbaren Laufwasserkraftwerks oder in den Staudamm eines Gezeitenkraftwerks (s. Abschn. 5.4.2) eingebaut.

Eine weit verbreitete Turbinenbauart ist die **Francis-Turbine**, die für Stauhöhen von 50 bis 400 m geeignet ist. Sie wird meist - wie die Kaplanturbine - vertikal aufgestellt, ein Saugrohr am Turbinenausgang sorgt für verbesserte Strömungsverhältnisse. Das Wasser strömt durch eine Einlaufspirale radial von außen nach innen über einen feststehenden, aber zur Leistungsregelung verstellbaren Leitapparat auf die Schaufeln eines bezüglich der Schaufelstellung festen Laufrades. Die Umlenkung findet innerhalb des Laufrades statt. Der Wirkungsgradverlauf bei Teillast

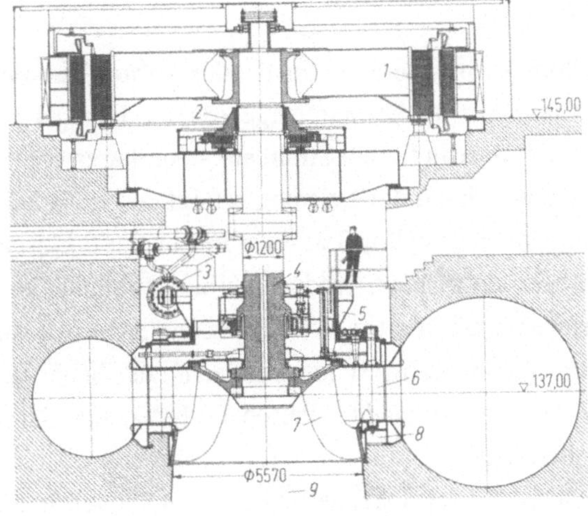

1 Generator
2 Spurlager
3 Leitrad-verstellmotor
4 Führungslager
5 Regelring
6 Leitschaufeln
7 Laufrad
8 Traversenring mit Spirale
9 Saugrohr

Bild 4.24 Vertikaler Maschinensatz mit Francis-Turbine [Werkbild Voith]

weist ein ausgeprägtes Maximum auf (Bild 4.26). Ein Beispiel für einen Wasserturbinensatz mit Francis-Turbine zeigt die in Bild 4.24 dargestellte Schnittzeichnung einer 220 MW - Wasserkraftmaschine. Man erkennt den über der Turbine etwa auf Höhe des Maschinenhausflurs montierten scheibenförmigen Generator, der wegen der hohen Polzahl einen großen Durchmesser bei kleiner aktiver Eisenlänge aufweist, sowie das mächtige Drucklager zwischen Generator und Turbine. Deutlich ist auch das spiralförmige Einströmrohr der Turbine zu sehen, während das in der Abströmung liegende Saugrohr nur angedeutet ist. Francis-Turbinen werden auch als Pumpturbinen für Pumpspeicherkraftwerke verwendet.

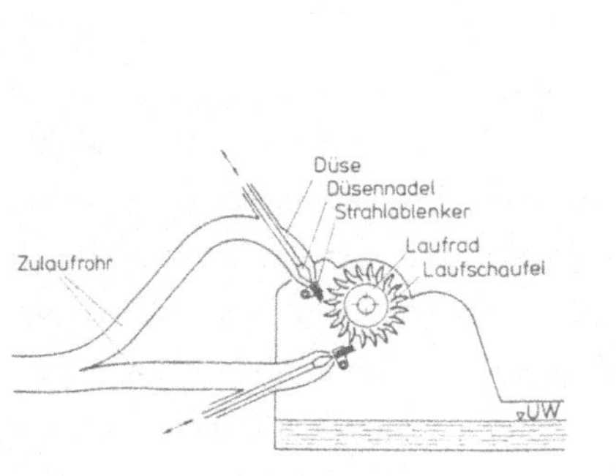

Bild 4.25 Pelton-Turbine (nach [7])

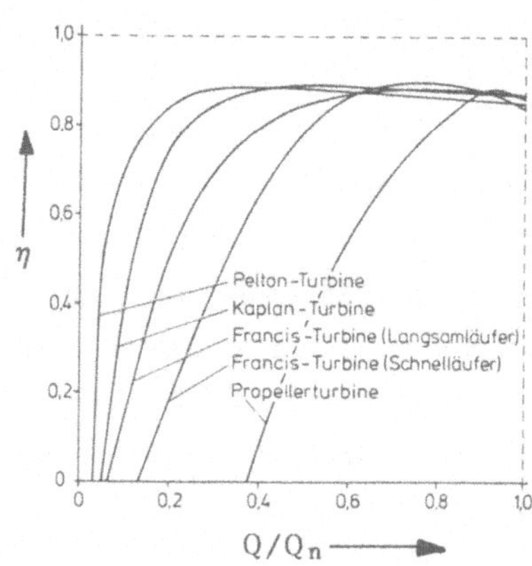

Bild 4.26 Wirkungsgradverlauf von Wasserturbinen

Für sehr große Stauhöhen (H > 200 m) wird die Freistrahl- oder **Pelton-Turbine** eingesetzt. Sie besteht nach Bild 4.25 aus einem horizontal angeordneten Laufrad mit festen Schaufeln, auf die tangential das Wasser in freiem Strahl aus steuerbaren Düsen gelenkt wird. Die Steuerung der Düsen und damit der Leistung erfolgt durch Nadeln, die den Düsenquerschnitt verändern. Man baut Pelton-Turbinen mit bis zu 6 Düsen, die bei Lastabschaltungen abgelenkt werden können, wodurch eine erhebliche Verminderung des auftretenden Druckstoßes erreicht wird. Das Teillastverhalten ist das beste aller betrachteten Turbinenarten (Bild 4.26), schon bei mehr als 20 % des Nenndurchflusses ist der volle Wirkungsgrad vorhanden. Pelton-Turbinen sind daher vorteilhaft auch im Teillastbereich einzusetzen.

Wenn man als Vergleichsbasis nicht die tatsächliche Drehzahl n, sondern die **spezifische Drehzahl** n_q verwendet, kann man die Anwendungsbereiche von Wasserturbinen wie in Bild 4.27 abhängig von der Fallhöhe H und n_q darstellen. Darin deuten die Skizzen gleichzeitig die typischen Formen der verschiedenen Laufräder an (nach [9]).

Die spezifische Drehzahl ist definiert als

$$n_q = n \frac{\sqrt{\dfrac{Q}{m^3/s}}}{\left(\dfrac{H}{m}\right)^{3/4}} \quad (4.29)$$

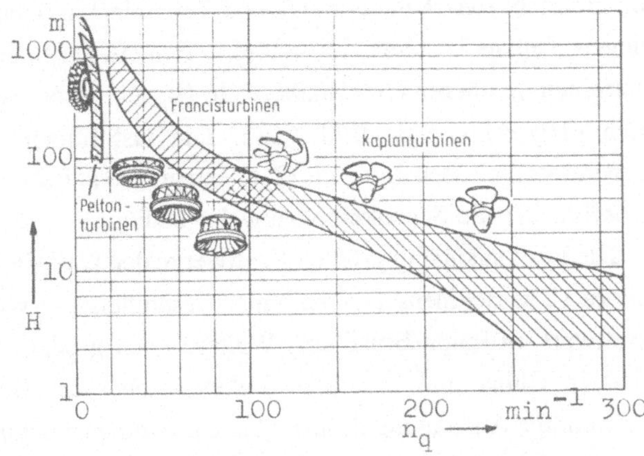

Bild 4.27 Anwendungsbereiche von Wasserturbinen

und kann gedeutet werden als diejenige Drehzahl, die strömungsähnliche Laufräder bei der Fallhöhe H = 1 m und dem Wassermengenstrom Q = 1 m^3/s annehmen.

Alle im Wasserkraftwerk eingesetzten Turbinen und Generatoren müssen für die **Durchgangsdrehzahl** ausgelegt sein, die für Freistrahl-Turbinen das 1,8-fache, für Francis-Turbinen das 1,8- bis 2,2-fache und für Kaplan-Turbinen das 2,1- bis 3-fache der Nenndrehzahl beträgt. Diese hohe Drehzahl wird im Betrieb erreicht, wenn die Turbine plötzlich entlastet wird, etwa durch Öffnen des Generatorschalters infolge einer Schutzauslösung. Dabei kann die Wasserzuführung wegen der zu bewegenden Massen nur mit einer gewissen Zeitverzögerunmg abgesperrt werden (Kugelschieber), so daß noch eine erhebliche Wassermenge die nun entlastete Turbine beschleunigen kann.

Als weitere Besonderheit bei Wasserturbinen ist die **Kavitation** zu nennen. So bezeichnet man einen Vorgang, der in einer gestörten Wasserströmung durch örtliche Druckerniedrigung unter den Dampfdruck des Wassers (infolge z.B. von Verwirbelungen) zu Dampfblasenbildung führt, die ein Abreißen der Strömung bewirken, so daß der Wirkungsgrad merklich abnimmt. Schwerwiegender aber sind die starken Druckstöße, die bei der anschließenden Kondensation der Dampfblasen entstehen und zu mechanischen Zerstörungen durch Erosion an den Schaufeloberflächen führen können. Die Anbringung des Saugrohrs am Turbinenausgang hilft, die Kavitationsneigung zu verringern.

Als **Nenndrehzahl** für Wasserturbinen sind prinzipiell alle synchronen Drehzahlen im Bereich zwischen n = 60 und 750 min^{-1} möglich. Entsprechend ihrer Bauart liegen Kaplan-Turbinen im unteren, Francis-Turbinen im mittleren und Freistrahl-Turbinen im oberen Drehzahlbereich. (Bezüglich der spezifischen Drehzahl verhält es sich umgekehrt, vgl. Bild 4.27). Die fast immer direkt gekuppelten Synchrongeneratoren müssen nach Gl. (2.1) entsprechend hohe Polzahlen aufweisen, was nach Abschn. 2.1 die Schenkelpolbauweise bedingt.

Die leistungsmäßig größten Kraftwerke der Welt sind derzeit Wasserkraftwerke mit bis zu 18 Maschinensätzen bei einer Gesamtleistung von 12 000 MW (Speicher/Flußkraftwerk in Itaipu/Brasilien). Weitere noch größere Kraftwerke (bis 25 000 MW) sind in China und Brasilien geplant, wobei die Umweltbeeinflussung durch die notwendige Aufstauung großer Flüsse allerdings nicht unerhebliche Probleme mit sich bringt.

5 Regenerative Energiequellen

5.1 Allgemeines

Als **regenerativ** (also erneuerbar oder unerschöpflich) bezeichnet man Energiequellen, die sich ohne Zutun des Menschen selbsttätig erneuern und damit ständig zur Verfügung stehen. Nach Bild 5.1 basieren sie auf drei Vorgängen:

- Isotopenzerfall im Erdinneren
- Thermonukleare Umwandlung im Weltall
- Planetenbewegung.

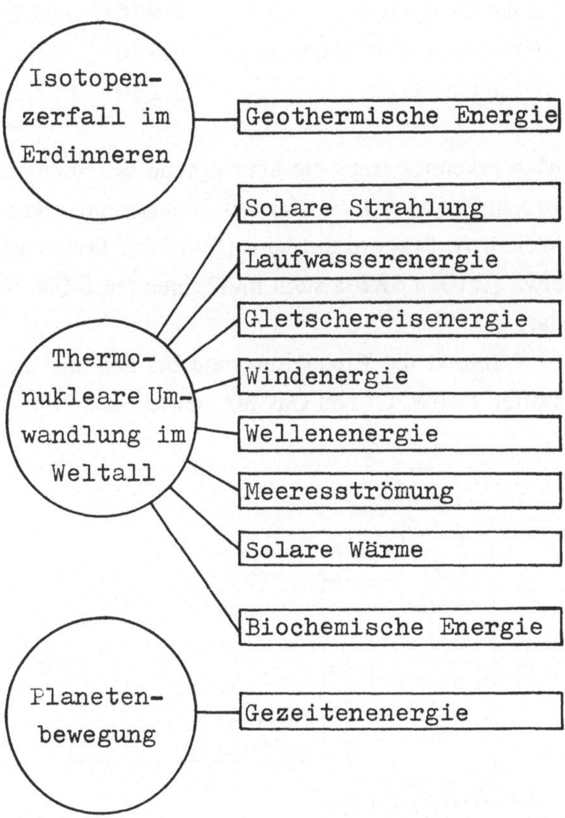

Bild 5.1 Regenerative Energiequellen

Die **radioaktiven Zerfallsprozesse** in der Erde führen zur Erdwärme, die als geothermische Energie vom Menschen nutzbar gemacht werden kann.

Von der im Weltall umgesetzten Energie gelangt ein Bruchteil mit der Sonnenstrahlung auf die Erde. Diese **Solarenergie**, die bei der auf der Sonne stattfindenden Kernfusion frei wird, ist die Quelle aller fossilen Rohstoffe (Kohle, Öl, Gas), die wir derzeit zur Energieumwandlung einsetzen. Außerdem steht sie in Form von Strahlungs-, Laufwasser-, Gletschereis-, Wind-, Wellen-, Meeresströmungs- und Wärmeenergie sowie als Biomasse zur Verfügung. Die **Planetenbewegung** ist als Gezeitenenergie auf der Erde in Nutzenergie verwandelbar.

Für einen **Vergleich von Energiemengen** unterschiedlicher Art ist als Bezugsgröße die Tonne Steinkohleeinheiten, abgekürzt t SKE, üblich. Dabei entspricht 1 t SKE dem Energieinhalt einer Tonne Steinkohle mit dem Heizwert H_u = 29,3 MJ/kg (s. a. Abschn. 1).

Vergleicht man auf dieser Basis die eingestrahlte Sonnenenergie mit der geothermischen und der Gezeitenenergie, so ergibt sich für den Zeitraum eines Jahres:

- Solare Strahlung $1{,}9 \cdot 10^{14}$ t SKE
- Geothermischer Wärmestrom $3{,}4 \cdot 10^{10}$ t SKE
- Gezeitenenergie $3{,}2 \cdot 10^{9}$ t SKE

Man erkennt daraus die überragende Bedeutung der Solarenergie, die bis auf einen Bruchteil von 0,1 %, der zur Biomasseproduktion verbraucht wird, wieder in das Weltall zurückgestrahlt wird (Bild 5.2). Der menschliche Weltenergieverbrauch von etwa $12 \cdot 10^{9}$ t SKE/a stellt im übrigen nur 0,006 % der eingestrahlten Sonnenenergie dar.

Während die Erneuerungsrate bei den aus Biomasse entstandenen fossilen Rohstoffen Kohle, Öl und Gas für menschliche Zeiträume praktisch Null ist, stehen die

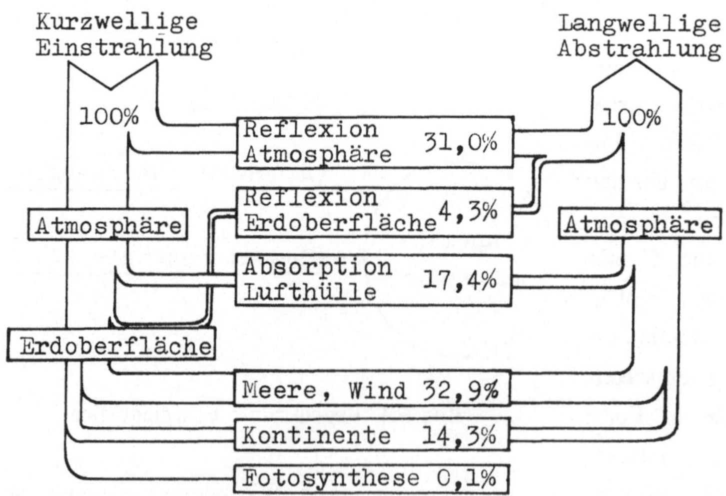

Bild 5.2 Energieflußbild der Sonneneinstrahlung

genannten regenerativen Energieträger im Prinzip als unerschöpfliche Energiequellen dem Menschen zur Nutzung zur Verfügung. Für die Energieumwandlung tatsächlich eingesetzt werden aber zur Zeit nur die mehr oder weniger schnell erschöpfbaren fossilen Rostoffe, außerdem Uran und als einzige der regenerativen Energiequellen die Laufwasserkraft. Diese trägt weltweit rund 1300 TWh/a (bei einem wirtschaftlich nutzbaren Potential von etwa 10 000 TWh/a) zur Stromerzeugung bei. In Deutschland (West) besteht ein Wasserkraftpotential von etwa 20 TWh/a, das zum größten Teil bereits nutzbar gemacht ist.

Von den übrigen Energieträgern sollen nachfolgend die als besonders aussichtsreich für die Stromerzeugung erscheinenden behandelt werden. Es sind dies die Solarenergie, die Windenergie, Wellen- und Gezeitenenergie, die geothermische Energie sowie die Biomasse.

Allen diesen Energiequellen gemeinsam ist die vergleichsweise **geringe Energiedichte**. Deswegen sind Anlagen zu ihrer Nutzung grundsätzlich groß in den Abmessungen bzw. relativ klein in der abgegebenen Leistung. Zur Zeit sind die Kosten für Strom aus Erzeugungsanlagen auf der Basis regenerativer Energien (abgesehen von der Wasserkraft) nicht konkurrenzfähig mit denen herkömmlicher Stromerzeugung. Dies kann sich aber schnell ändern, wenn die fossilen Vorräte knapper und damit wesentlich teurer werden als heute. Deshalb sollte die Technik derartiger Anlagen rechtzeitig entwickelt werden, damit diese zunächst als additive Energiequellen eingesetzt werden können.

Dazu kommt die steigende Umweltbelastung, die vor allem bei der Verbrennung fossiler Energieträger auftritt, und auf die bereits hingewiesen wurde (s. Abschn. 4.3.4). Bei der Nutzung regenerativer Energien gibt es eine Umweltbelastung mit Schadstoffen praktisch nicht. Ein weiterer Gesichtspunkt, der für den Einsatz regenerativer Energien zur Stromerzeugung spricht, ist die Schonung der Vorräte, vor allem an Kohle und Öl, zugunsten anderer Verwendungszwecke, bei denen eine Substitution nicht oder nur schwer möglich ist (z.B. Chemie).

5.2 Solarkraftwerke

Die Hauptanwendung der Sonnen- oder Solarenergie wird wohl für absehbare Zeit - zumindest in mitteleuropäischen Breiten - die **Wärmegewinnung** im Niedertemperaturbereich (unter 200°C) zu Heizzwecken sein. Dies stellt kein großes technisches

Problem dar, auch die Speicherung der eingefangenen Wärme für sonnenlose Zeiten läßt sich relativ einfach, wenn auch kostenaufwendig, durchführen. In Verbindung mit einer Wärmepumpe kann die Sonnenenergie daher eine echte Alternative zur fossilen Einzelbeheizung von Wohnhäusern werden. (Näheres zu den dafür notwendigen Kollektoren in Abschn. 5.2.2).

Aber auch **Elektrizität** läßt sich **solar** erzeugen, und zwar in zwei grundsätzlich verschiedenen Verfahren: der solarelektrischen Umwandlung über Solarzellen und der solarthermischen Umwandlung über den Wasser-Dampf-Prozeß.

Zunächst soll aber das **Energieangebot** durch die Sonneneinstrahlung betrachtet werden, um die Größenordnungen für die praktische Nutzung abschätzen zu können. Die Sonne strahlt die **Leistung** 60 MW/m^2 ab, davon kommen auf der Erde (Obergrenze der Atmosphäre) 1,37 kW/m^2 an (Solarkonstante). Die tatsächlich zur Verfügung stehende Leistung ist auf der Erde örtlich und zeitlich verschieden und unterliegt dem Einfluß der momentanen Wetterlage (Bewölkung). Unter günstigsten Bedingungen - senkrechter Sonnenstand, klarer Himmel - erreicht die Strahlungsleistung auf der Erdoberfläche den Spitzenwert 1 kW/m^2. (Auch als AM1-Bedingung bezeichnet (Air Mass 1), also das einmalige Durchlaufen der Luftmasse). Die **mittlere jährliche Einstrahlung** variiert zwischen 250 W/m^2 in äquatornahen Gebieten und 120 W/m^2 in der Nähe des 60. Breitengrades. Die jahreszeitlichen Änderungen sind, wie Bild 5.3 zeigt, am Äquator praktisch vernachlässigbar, während nördlich und südlich des 60. Breitengrads die mittlere Sonneneinstrahlung im Winter fast Null wird.

Man kann auch die jährlich eingestrahlte **Energie** betrachten und sie beispielsweise in einem Energieflußbild wie in Bild 5.2 darstellen. Man ersieht daraus, daß 35,3 % der eingestrahlten Energie (1,9·10^{14} t SKE) durch Reflexion an Atmosphäre

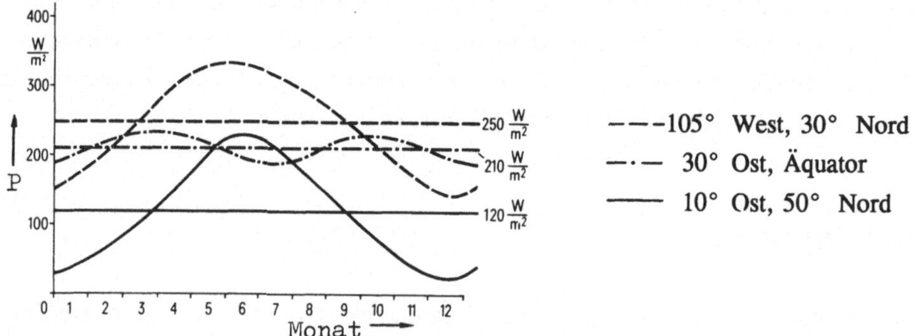

Bild 5.3 Mittlere Sonneneinstrahlung verschiedener Gebiete

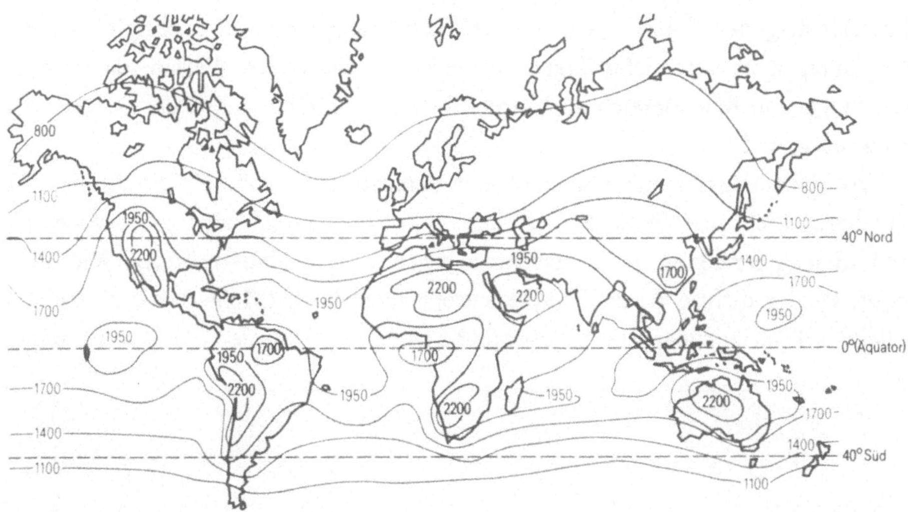

Bild 5.4 Regionale Verteilung der jährlichen Sonneneinstrahlung (Zahlenwerte in kWh/m^2)

und Erdoberfläche in den Weltraum zurückgestrahlt werden und damit auf der Erde nicht nutzbar sind. Durch Absorption in der Lufthülle gehen weitere 17,4 % verloren. Der verbleibende Anteil von 47,3 % erreicht die Erdoberfläche und steht zur terrestrischen Nutzung zur Verfügung. Dies ist weltweit eine Energie von $0{,}9 \cdot 10^{14}$ t SKE/a = $7{,}3 \cdot 10^{14}$ MWh/a, ungefähr das 7500-fache des derzeitigen Weltenergieverbrauchs. Entsprechend der Strahlungsleistung und der Sonnenscheindauer ergibt sich für äquatornahe Zonen eine jährliche eingestrahlte Energie von etwa 2000 kWh/m^2 und in den dicht bevölkerten nördlichen Breiten eine solche von rund 1000 kWh/m^2. Bild 5.4 zeigt die örtliche Verteilung genauer aufgeschlüsselt. Grundsätzlich lassen die angegebenen Größenordnungen eine Nutzung lohnenswert erscheinen.

Für die Bundesrepublik Deutschland sind die charakteristischen Werte für die eingestrahlte Leistung P und die Energie W wie folgt:

$P_{max} = 900\ W/m^2$ $\quad W_{1,mittel} = 960\ kWh/m^2$ (pro Jahr)
$P_{min} = 20\ W/m^2$ $\quad W_{2,mittel} = 2{,}6\ kWh/m^2$ (pro Tag)
$P_{mittel} = 110\ W/m^2$
$P_{min} : P_{max} = 1 : 45$

Daraus ist ersichtlich, daß ein zentrales Problem bei der Nutzung der Solarenergie die **Speicherung** der Energie ist, um die stark schwankende Energielieferung aus Solaranlagen zu vergleichmäßigen. Weiterhin folgt aus den Werten, daß für große Leistungen im MW-Bereich auch große Flächen zum Einfangen der Solarstrahlung notwendig sind.

Die Strahlungszusammensetzung in Meereshöhe ist 1 % UV-Strahlung, 50 % sichtbares Licht und 49 % IR-Strahlung. Es ist zu unterscheiden zwischen **direkter** und **diffuser** Strahlung. Beide zusammen ergeben die **Globalstrahlung**. Wie Bild 5.5 zeigt, ist der diffuse Anteil in Mitteleuropa recht hoch (Meßwerte der Strahlungsanteile auf horizontaler Ebene, monatliche Mittelwerte für den Standort Hamburg).

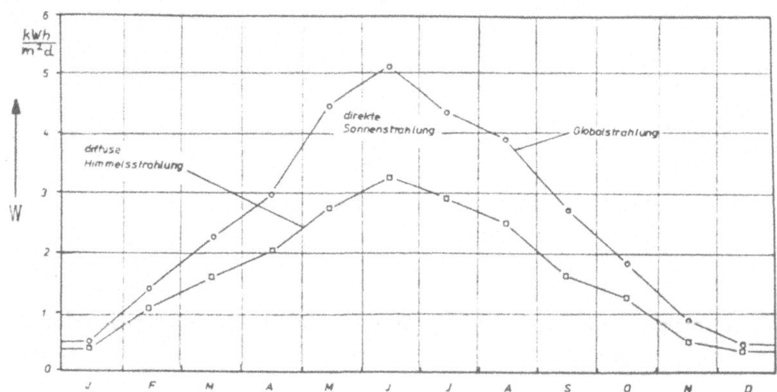

Bild 5.5 Globale, direkte und diffuse Strahlungsanteile in Deutschland

Wichtig ist auch die **Neigung** der Empfangsfläche. Eine horizontal fest montierte Fläche empfängt deutlich weniger Energie (besonders in höheren Breiten) als eine stets senkrecht zur Strahlungsrichtung nachgeführte Fläche. Wenn aus Kostengründen nicht nachgeführt wird, sollte der Neigungswinkel etwa der geographischen Breite des Aufstellungsorts entsprechen und die Empfangsfläche nach Süden ausgerichtet sein, um die maximale Energieausbeute zu erhalten.

5.2.1 Solarelektrische Umwandlung

Die Umwandlung der Sonnenenergie auf solarelektrischem Wege, auch **Photovoltaik** genannt, ist eine Direktumwandlung ohne Zwischenstufe und geschieht mit Hilfe von

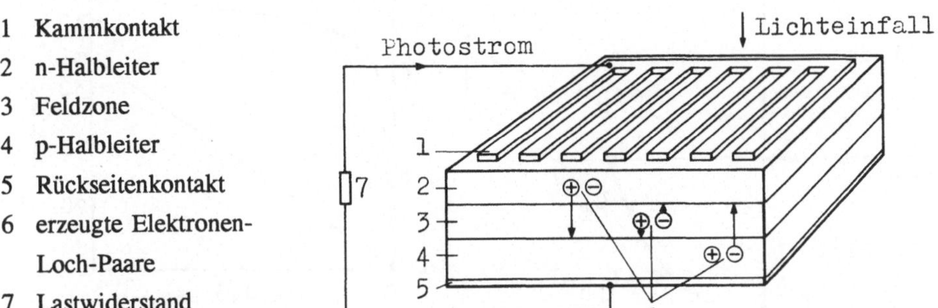

Bild 5.6 Aufbau einer Solarzelle

Solarzellen. Diese bestehen vorzugsweise aus Silizium, aber auch andere geeignete Materialien, wie Cadmiumsulfid und Galliumarsenid, werden verwendet. Die Siliziumzelle kann aus monokristallinem, polykristallinem oder amorphem, in Dünnschichttechnik aufgedampftem Silizium bestehen.

Der **Aufbau** einer Solarzelle, den Bild 5.6 schematisch zeigt, ist dem einer Halbleiterdiode ähnlich (Dotierung mit Störstellen, p-n-Übergang), nur werden Solarzellen großflächig ausgeführt und sind so gestaltet, daß Licht in das Gebiet des p-n-Übergangs gelangen kann. Dort übertragen die eindringenden Photonen einen Teil ihrer Energie durch Stoß auf Elektronen, wodurch diese zu freien Elektronen werden und einen Stromfluß ermöglichen. Die Ladungsträger (Elektronen-Loch-Paare) werden in der Feldzone des p-n-Übergangs getrennt und bauen so eine Spannung auf.

Die Strahlungsenergie $W = h\,f$ (mit h = Planck'sches Wirkungsquantum und f = Strahlungsfrequenz) beträgt bei sichtbarem Licht (Wellenlänge λ = 380 - 780 nm) zwischen 1,59 und 3,26 eV (Elektronenvolt). Da eine Absorption des Lichts nur erfolgt, wenn die Strahlungsenergie größer ist als die Energielücke zwischen Leitungs- und Valenzband, kommen als Materialien für Solarzellen solche mit entsprechenden Energielücken in Betracht, beispielsweise:

- Si	1,11 eV
- GaAs	1,40 eV
- CdTe	1,45 eV
- GaP	2,23 eV
- CdS	2,40 eV

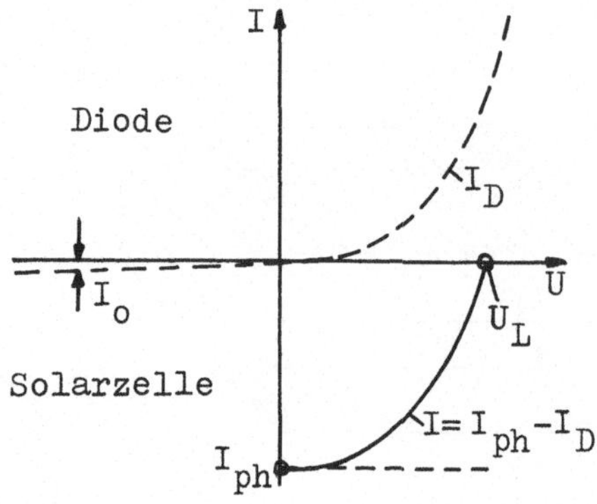

Bild 5.7 U-I-Kennlinie

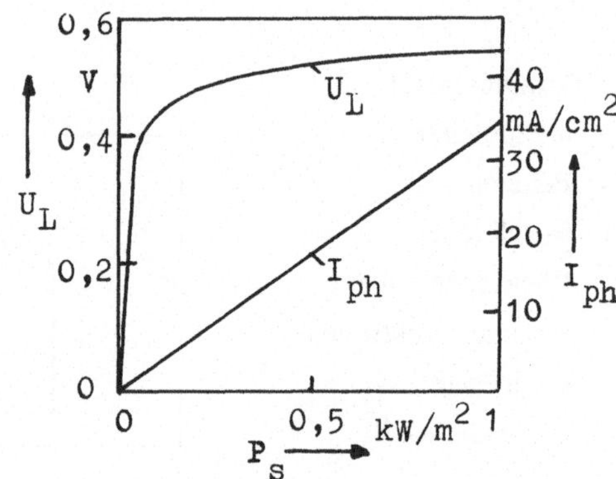

Bild 5.8 Photostrom I_{ph} und Leerlaufspannung U_L abhängig von der Bestrahlungsstärke P_s

Eine Solarzelle verhält sich ohne Lichteinfall wie eine Diode mit der für Dioden charakteristischen **Strom-Spannungs-Kennlinie** nach Bild 5.7. Bei Bestrahlung mit Licht fließt ein zusätzlicher Photostrom I_{ph}, so daß sich der Gesamtstrom aus der Überlagerung von Diodenstrom I_D und Photostrom I_{ph} ergibt. Bei Änderung der Bestrahlungsleistung steigt der Photostrom linear an, während die Leerlaufspannung über einen weiten Bereich nahezu konstant bleibt (Bild 5.8). Daher erreichen Solarzellen schon bei kleiner Beleuchtungsstärke ihre volle Spannung im Leerlauf. Für ein ausgeführtes Modul mit 36 in Reihe geschalteten Zellen zeigt Bild 5.9 Kennlinien für zwei Leistungsstufen.

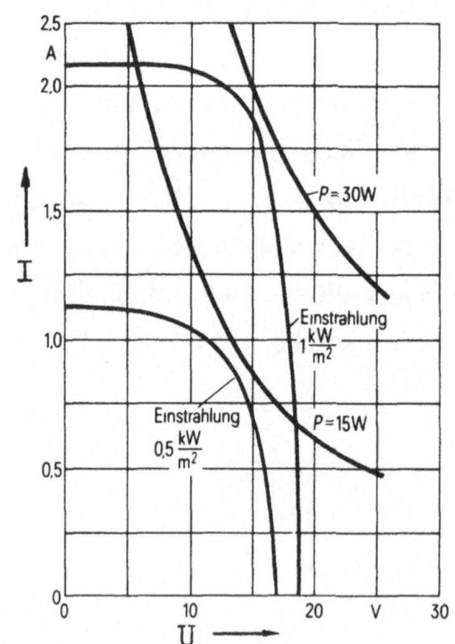

Bild 5.9 Solarzellenkennlinien

Bei diesen Kennlinien entspricht die maximal entnehmbare Leistung - bei angepaßtem Verbraucherwiderstand - dem größten Rechteck, das man der Kennlinie einschreiben kann. Der sich daraus ergebende Strom-Spannungs-Wert I_M, U_M wird "Maximum-Power-Point" (MPP) genannt und häufig mit einer entsprechenden MPP-Regelung im Betrieb auch gefahren.

Man kann mit den genannten Werten einen **Füllfaktor** FF der Kennlinie definieren, der angibt, wie nahe die Kennlinie an dem idealen

Rechteck liegt (derzeitiger Maximalwert 0,78):

$$FF = \frac{I_M \, U_M}{I_{ph} \, U_L} \tag{5.1}$$

Das elektrische Verhalten der Solarzelle ist außer von der Lichtintensität und dem Lichteinfallwinkel auch von der **Temperatur** der Zelle abhängig. Die Kennlinien, und damit der Füllfaktor, gelten daher nur für eine bestimmte Temperatur. Die meist angegebene Normtemperatur von 25°C wird im Betrieb in der Regel überschritten; dabei sinkt die Leistung um 0,5 % pro K bei ausgeführten polykristallinen Zellen.

Der **Wirkungsgrad** einer Solarzelle läßt sich berechnen als Verhältnis der abgenommenen Maximalleistung im Bestpunkt (auch als Peak-Leistung bezeichnet) zur dann eingestrahlten Gesamtleistung $P_{s,ges}$

$$\eta = \frac{I_M \, U_M}{P_{s,ges}} = \frac{I_{ph} \, U_L \, FF}{P_{s,ges}} \tag{5.2}$$

Verluste treten auf durch Reflexion an der Zellenoberfläche, durch Absorption von Photonen, ohne daß sie Ladungsträger erzeugen, durch Diffusionsverluste und Rekombination der erzeugten Ladungsträger sowie durch Spannungsverluste in der Feldzone und allgemeine ohmsche Verluste in der Zelle. Daher können Silizium-Zellen theoretisch nur 22 - 25 % der einfallenden Solarstrahlung in elektrische

Tafel 5.1 Charakteristische Daten von Solarzellen unter AM1-Bedingungen

		Silizium monokrist.	Silizium polykrist.	CdS/InP monokrist.	Cu_2/CdS polykrist.	CdS/CdTe polykrist.
U_L	V	0,61	0,5	0,75	0,45	0,55
I_{ph}	mA/cm^2	35	30	23	15	14
FF	-	0,78	0,7	0,73	0,65	0,58
η	%	16	11	14	7	4

Energie umwandeln. Die zur Zeit verfügbaren Ausführungen erreichen betriebliche Wirkungsgrade von 16 % bei monokristalliner, 11 % bei polykristalliner und 8 % bei amorpher Ausführung. Monokristalline CdS/InP-Zellen kommen auf rund 14 %, während polykristalline Cu_2/CdS-Zellen rund 7 % erreichen (Tafel 5.1). Weitere Materialkombinationen, die derzeit erprobt werden, liegen ebenfalls in diesem Bereich.

Die aktive Dicke der Halbleiterschicht von Si-Zellen beträgt nur 0,1 mm, bei amorphen Dünnschichtzellen auch darunter. Man erreicht damit eine Stromdichte von 30 mA/cm^2 und eine Zellenspannung von 0,5 V. Durch Reihenschaltung werden gekapselte Generatormoduln mit einer Spannung von 20 bis 50 V aufgebaut, die zu Panels zusammengestellt werden. Die so erreichbaren Leistungen liegen für Anwendungen in der Raumfahrt bei einigen kW, für erdgebundene Anlagen bei einigen 100 kW (z.B. Stromversorgung von Hallenbädern, Wasserpumpen, Funkstationen, Bojen etc.). Die außer den Solarzellen notwendigen Zusatzeinrichtungen, die bis zur Häfte des Anlagenpreises ausmachen können, richten sich nach dem Verwendungszweck. In Bild 5.10 sind einige prinzipielle **Schaltungsmöglichkeiten** für Solarzellen-Kraftwerke angegeben.

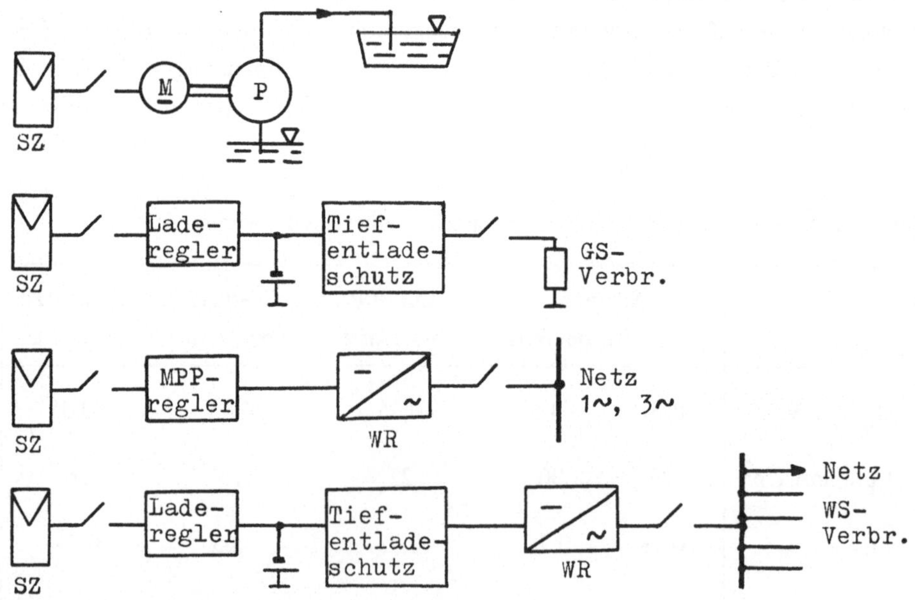

Bild 5.10 Schaltungen für Stromversorgungen mit Solarzellen

Die Schaltung a für **direkte Verbraucherspeisung**, z.B. einer Wasserpumpe, stellt die einfachste und damit preisgünstigste Lösung dar. Sie verzichtet auf eine Speicherung der elektrischen Energie und verlegt diese auf die Produktseite, hier das geförderte Wasser. Die unregelmäßig anfallende Primärenergie Sonnenstrahlung ist in diesem Fall also kein wesentlicher Nachteil.

Schaltung b ist eine **Inselversorgung mit Speicherbatterie**. Hier ist der Speicher unumgänglich, um eine kontinuierliche Versorgung der Verbraucher sicherzustellen. Laderegler und Tiefentladeschutz müssen vorgesehen werden, da wegen der Kennlinie der Solarzellen sonst eine Zerstörung der Batterien durch Überladung bzw. Tiefentladung möglich ist. Bei Verwendung von Bleibatterien ist zu beachten, daß deren Lebensdauer durch weniger tiefe Entladung erheblich vergrößert wird. Hier sollte also die Fahrweise auf die Batterie und nicht auf die Solarzelle abgestimmt sein. Werden größere Leistungen benötigt, ist die Kombination mit einem Dieselgenerator sinnvoll.

Wenn die Solaranlage **Netzparallelbetrieb** fahren soll, ist ein Wechselrichter vorzusehen (Schaltung c). Hier kann durch Einsatz einer MPP-Regelung maximale Energieausbeute aus den Solarzellen erzielt werden.

Die aufwendigste, aber auch flexibelste Lösung ist die nach Schaltung d, die sowohl die Solarversorgung von Wechselstrom-Verbrauchern mit Speicher als auch die Netzeinspeisung des solaren Stroms sowie eine direkte Netzversorgung der Verbraucher ermöglicht. Hier sind die Anlagekosten sogar zu rund zwei Dritteln von den nichtsolaren Geräten bestimmt.

Man kommt so zu sehr unterschiedlichen Stromerzeugungskosten, bei Variante c und einer Vollast-Benutzungsdauer von 1000 h/a (üblicher Wert für Deutschland) etwa 2 bis 3 DM/kWh, bei Variante d zwischen 5 und 10 DM/kWh (Preise von 1993 zugrunde gelegt). Diese im Vergleich zu den üblichen Stromkosten recht hohen Werte resultieren zum einen aus der niedrigen Benutzungsdauer, zum anderen auch aus den wegen geringer Stückzahlen noch relativ teuren Solarzellen. Bei letzteren ist durch optimierte Fertigungsprozesse und höhere Stückzahlen jedoch eine merkbare Kostendegression zu erwarten.

5.2.2 Solarthermische Umwandlung

Kennzeichnend für die solarthermische Energieumwandlung ist der **Kollektor**, der die eingefangene Sonnenstrahlung in fühlbare Wärme verwandelt. Es gibt grundsätzlich zwei Ausführungen, den nicht konzentrierenden Flachkollektor und den konzentrierenden Spiegelkollektor.

Im **Flachkollektor**, dessen Aufbau Bild 5.11 zeigt, wird durchströmendes Wasser erwärmt und so Niedertemperaturwärme ($<200°C$) erzeugt. Der Absorber (b) mit den wasserführenden Kanälen besteht aus schwarz gefärbtem Metall oder Kunststoff. Die der Strahlung zugewandte Seite wird mit einer Glasscheibe (a) abgedeckt (auch 2 Scheiben möglich), die die kurzwellige Sonnenstrahlung durchläßt, dagegen die vom erwärmten Absorber emittierte langwellige Wärmestrahlung zurückhält. Auf der Rückseite wird wärmedämmendes Material (c) verwendet.

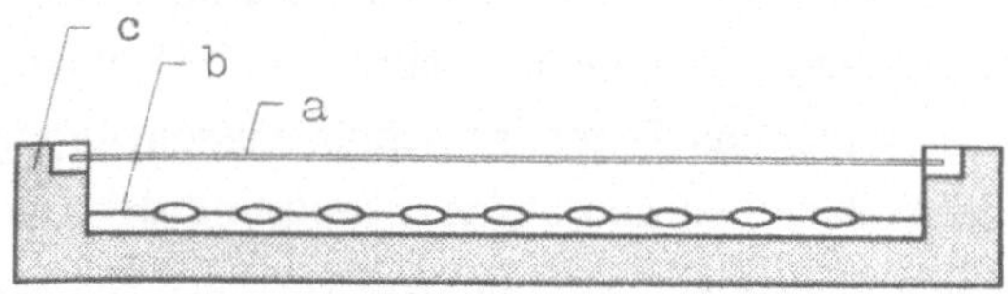

Bild 5.11 Flachkollektor

Das Absorptionsvermögen α (abhängig von der Wellenlänge λ, schwarzer Körper mit $\alpha = 1$) eines solchen Kollektors kann durch den Reflexionskoeffizienten ρ ausgedrückt werden

$$\alpha = 1 - \varrho \tag{5.3}$$

Die Reflexion sollte also im sichtbaren Bereich gegen Null gehen, um eine gute Absorption der Solarstrahlung zu erreichen. Bei (ausschließlich verwendetem) flüssigem Arbeitsmedium gilt für die Aufteilung der einfallenden Strahlungsleistung $P_{s,ges}$ in Nutzenergie Q_N, Reflexionsverluste Q_R und Absorberverluste Q_V

$$P_{s,ges} = P_s A_k = Q_N + Q_R + Q_V = Q_N + Q_R + Q_K + Q_S \tag{5.4}$$

Danach bestehen die Absorberverluste aus den Konvektionsverlusten Q_K und den Strahlungsverlusten Q_S. Mit dem Transmissionskoeffizienten der Glasscheibenabdeckung τ (Anteil der hinter der Glascheibe noch vorhandenen Energie), dem Absorptionsvermögen α und der Strahlungsleistung pro m^2 P_s kann man auch schreiben

$$Q_N = \alpha \, \tau \, P_s A_k - Q_V \tag{5.5}$$

Die Verlustenergie ist eine Funktion der Differenz aus mittlerer Absorbertemperatur und Umgebungstemperatur; sie steigt mit höherer Absorbertemperatur stark an.

Der **Wirkungsgrad** des Flachkollektors läßt sich damit ausdrücken als

$$\eta_k = \frac{Q_N}{P_s\, A_k} = \alpha\, \tau - \frac{Q_V}{P_s\, A_k} \tag{5.6}$$

Als **Anwendung** bietet sich für den Flachkollektor wegen der geringen Temperatur in erster Linie die Wärmeversorgung an. Bei solarbeheizten Schwimmbädern beispielsweise läßt sich ein Wirkungsgrad von 65 % erreichen, da das erwärmte Wasser gleichzeitig als Speicher dient. Auch die Brauchwasserbereitung von Wohnhäusern läßt sich vorteilhaft mit Flachkollektoren durchführen, wobei Systeme mit oder ohne Umlaufpumpe zum Einsatz kommen. Während für die Brauchwassererwärmung eine solare Deckungsrate (Anteil des solar beheizten Wassers am gesamten Warmwasserverbrauch) von bis zu 60 % erreicht werden kann, ist dieser Wert für die Raumheizung bei weitem nicht so günstig und liegt bei nur 10 %. Dies erklärt sich aus dem Verlauf der Kurven für das solare Strahlungsangebot und den Raumwärmebedarf, die gegenläufig verlaufen, so daß sich lediglich geringe Überdeckungen ergeben. Hier würde nur ein Jahreszeitenspeicher die Verhältnisse verbessern, der jedoch zu tragbaren Kosten derzeit nicht verfügbar ist.

Eine bessere Wärmeausbeute und vor allem eine höhere Temperatur, die auch für Wärmekraftprozesse nutzbar ist, kann man mit **Spiegelkollektoren** erreichen, die das einfallende Licht konzentrieren und damit zu einer wesentlich höheren Energiedichte führen. Tafel 5.2 gibt eine Übersicht über die verschiedenen Kollektortypen, ihre Ausnutzung, Temperatur und die Anwendungsbereiche.

Verwendet man einen im Schnitt parabelförmigen Kollektor, so werden die einfallenden Strahlen auf einen Punkt (**Paraboloid**) oder auf eine Linie (**Parabolzylinder** rinnenförmig) konzentriert. Hier sind also sehr hohe Temperaturen erreichbar, die durch einen dort angebrachten Absorber nutzbar gemacht werden können. Man kann zwecks Erreichung hoher Leistungen auch ein ganzes Spiegelfeld mit leicht gekrümmten Einzelspiegeln so anordnen, daß ihr gemeinsamer Brennpunkt an der Spitze eines Turms liegt, wo ein Absorber aufgeheizt wird (**Heliostatsystem**).

Dabei ist es aber notwendig, daß die Spiegelachse immer auf die Sonne gerichtet ist, eine **Nachführung** der Spiegel in Bezug auf den Sonnenstand (ein- oder zweiachsig) ist also unbedingt vorzusehen. Auch ist zu beachten, daß Spiegelkollektoren nur direkte, aber keine diffuse Strahlung nutzen können, da diffuse Strahlung nicht

Tafel 5.2 Sonnenkollektorsysteme

Kollektortyp	optische Konzentration C	nutzbare Temperatur °C	Anwendung
Flachkollektor 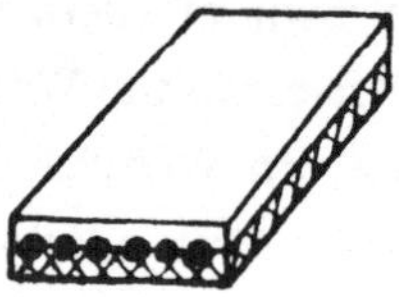	1	50 - 90	Warmwasserbereitung für Brauchwasser und Heizung Schwimmbadheizung
Parabolzylinder 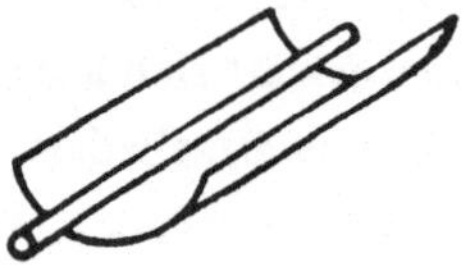	2 - 40	100 - 400	Warmwasserbereitung Schwimmbadheizung Wärmekraftmaschinen Solarkraftwerke
Paraboloid 	100 - 10 000	1000	Industriewärme Wärmekraftmaschinen
Heliostatsystem 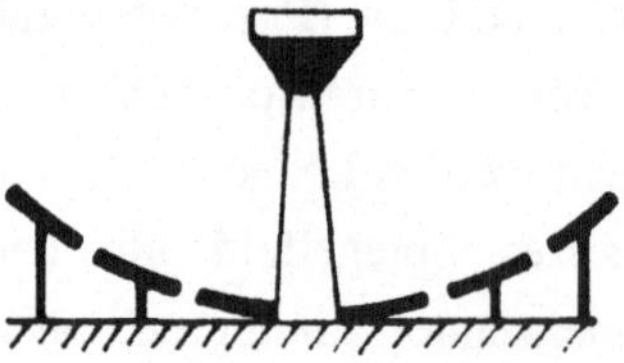	100 - 10 000	1000	Wärmekraftmaschinen Solarkraftwerke

konzentriert werden kann. Spiegelkollektoren sind daher dort vorteilhaft einzusetzen, wo ein hoher Anteil an direkter Strahlung vorliegt.

Der **Konzentrationsfaktor** C, der bei Flachkollektoren 1 ist, liegt bei Parabolkollektoren zwischen 2 und 10 000 (Tafel 5.2). Er ist definiert als das Verhältnis der beteiligten Flächen, also der Empfangsfläche A_e (Spiegelfläche) zur Absorberfläche A_a.

Verluste entstehen am Spiegelkollektorsystem einmal am Spiegel selbst durch unvollständige Reflexion (Reflexionsfaktor des Spiegels ϱ), Oberflächenfehler durch Fertigungstoleranzen (Aufnahmefaktor γ) und Orientierungsfehler der Spiegelachse bei der Nachführung, und zum anderen am Absorber durch Reflexion (Absorptionsfaktor des Absorbers α) sowie durch Konvektion (Index K), Strahlung (S) und Leitung (L).

Mit den genannten Größen und den spezifischen Verlusten q in W pro m^2 Absorberfläche kann man den **Wirkungsgrad** eines Spiegelkollektors analog zu dem des Flachkollektors ausdrücken als

$$\eta_k = \alpha \gamma \varrho - \frac{q_K + q_S + q_L}{P_s C} \tag{5.7}$$

Der Abfall von η_k mit der Temperatur, wie ihn Bild 5.12 zeigt, ist weniger stark als beim Flachkollektor wegen der optischen Konzentration C. Unterhalb von 250°C liegt der Kollektorwirkungsgrad zwischen 60 und 80 %.

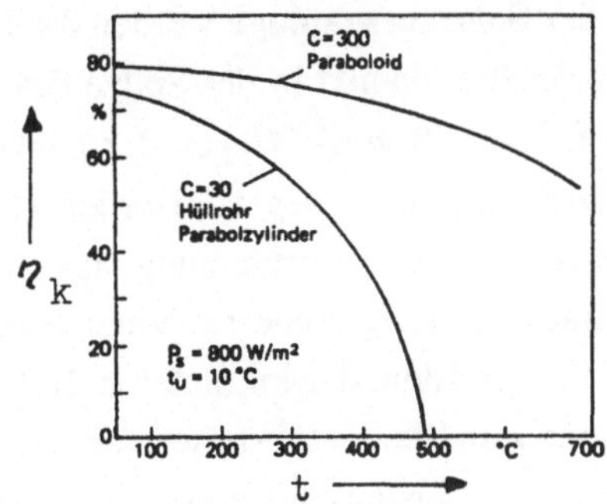

Bild 5.12 Wirkungsgradverlauf von Parabolkollektoren

Das Prinzip der **solarthermischen Stromerzeugung** besteht nun darin, daß im Absorber des Kollektorsystems ein Kühlmittel (Thermoöl, Wasser) erwärmt bzw. verdampft wird. Dieses Kühlmittel treibt entweder unmittelbar oder über einen Wärmetauscher einen Dampf- oder Gasturbinensatz an. Es liegt ein thermodynamischer Kreislauf wie im konventionellen Dampfkraftwerk mit Kondensation des Arbeitsmittels und Rückführung in den Absorber bzw. Wärmetauscher vor, der hier den Kessel ersetzt.

Um eine nennenswerte Leistungsgröße der Anlagen zu erreichen, ist eine große Zahl von Kollektoren erforderlich. Für derartige Solarkraftwerke gibt es zwei Konzepte, die großtechnisch erprobt und in mehreren Prototypanlagen verwirklicht sind, das Solarturmkonzept und das Solarfarmkonzept. In Bild 5.13 sind beide Systeme

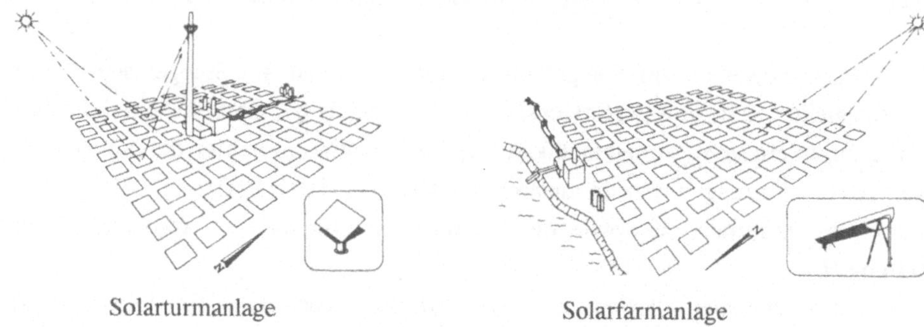

Bild 5.13 Solarthermische Kraftwerksarten

einander gegenübergestellt, wobei jeweils im rechten unteren Bildrand eine Skizze des verwendeten Kollektortyps zu sehen ist: beim Turmkonzept der Heliostat, beim Farmkonzept der zylindrische Parabolkollektor.

In der **Solarturmanlage** werden die Heliostaten auf dem Erdboden so angeordnet, daß deren Brennpunkt in der Spitze des Turms liegt, der in der Mitte des Kollektorfeldes aufgestellt wird. Wegen der punktförmigen Fokussierung ist eine zweiachsige Nachführung jedes Spiegels erforderlich. Man bringt zwei etwa mannshohe Spiegel mit einstellbarer Vorkrümmung auf einer Säule an, in der die heute meist per Heliostat-Rechner gesteuerten Verstellmotoren untergebracht sind. (Die Nachführgenauigkeit vor allem der im hinteren Teil des Feldes aufgestellten Spiegelsysteme muß sehr hoch sein, da der Absorber nur einige m im Durchmesser mißt). Das Spiegelfeld kann je nach Leistung bis zu mehreren tausend derartiger Spiegelsysteme enthalten.

Auf dem Turm befindet sich der die so konzentrierte Strahlung aufnehmende Dampferzeuger in Form eines schwarz gefärbten, tonnenförmigen Röhrenkessels, in dem das Speisewasser verdampft wird. Die zugehörige Dampfturbine ist mit Generator und Hilfsanlagen am Fuß des Turms in einem Maschinenhaus installiert, so daß lange Rohrleitungen entfallen und Anlagen mit großer Leistung realisierbar sind. (Beispielsweise die Turmanlage in Barstow/Kalifornien mit P_{el} = 10 MW, die 1818 Heliostaten à 40 m^2 enthält, Gesamtwirkungsgrad 13 %). Wegen des Abstandes zwischen Absorber und hinterstem Spiegel dürfte die maximale Anlagengröße auf etwa 100 MW beschränkt sein.

Solarfarmanlagen benötigen im Gegensatz zu Turmanlagen ein langes Rohrleitungsnetz, da die Wärmeerzeugung dezentral in der Brennlinie von zylindrischen

Parabolspiegeln erfolgt. Hier reicht aber eine einachsige (azimutale) Nachführung aus. Die rinnenförmigen Spiegel werden auf der Erde in Reihen angeordnet und über die Rohrleitungen, in denen das Wärmeträgermedium fließt, verbunden. Hier entstehen beim Transport des Wärmeträgers thermische und hydraulische Verluste. Um das zu transportierende Volumen möglichst klein zu halten, wird kein Wasserdampf, sondern ein auch bei hoher Temperatur flüssiges Kühlmittel (z.B. Thermoöl) verwendet. Erst im zentral oder am Rand des Spiegelfelds gelegenen Maschinenhaus wird in einem Wärmetauscher die Dampferzeugung vorgenommen. Danach ist dann wieder ein konventioneller Dampfkreislauf mit Dampfturbine und Kondensator angeschlossen. Für kleine Leistungen kommt auch ein runder Paraboloid-Spiegel mit Schrauben-Expansionsmaschine oder Stirlingmotor in Betracht.

Der **Gesamtwirkungsgrad** des Systems Kollektor/Wärmekraftprozeß ergibt sich für beide Konzepte als Produkt aus Kollektor- und Wärmeprozeß-Wirkungsgrad, also $\eta_{ges} = \eta_k \eta_w$. Bei höherem Konzentrationsfaktor C steigt die erreichbare Temperatur und damit nach Abschn. 4.3.2 der thermodynamische Kraftwerkswirkungsgrad; gleichzeitig fällt aber wegen höherer Verluste der Kollektor/Absorber-Wirkungsgrad, so daß sich ein flaches Maximum für den Gesamtwirkungsgrad abhängig von der Temperatur ergibt, das bei 15 bis 25 % liegt.

In Bild 5.14 ist ein Zweikreis-Farm-System schematisch dargestellt. Die größte bisher verwirklichte Solaranlage in der Mojave-Wüste Kaliforniens ist nach diesem Prinzip erbaut. Sie wird in Abschnitten modulartig erweitert und soll bei einer vorgesehen elektrischen Leistung von insgesamt 500 MW den relativ guten Gesamtwirkungsgrad von 17 % erreichen.

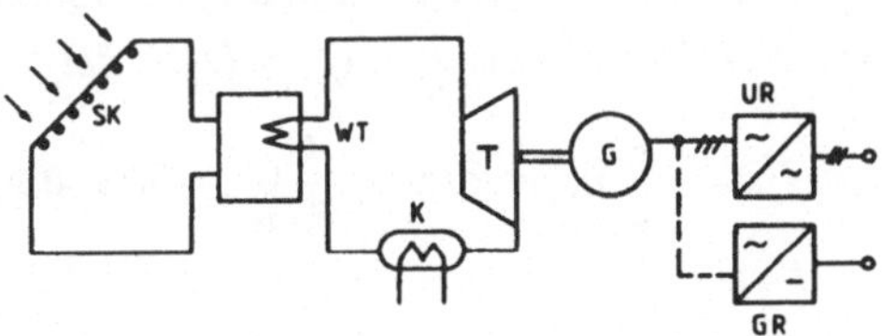

Bild 5.14 Schema eines solarthermischen Kraftwerks

Die erforderliche Grundfläche für die Kollektoren derartiger Großkraftwerke ist enorm. Man kann sie überschlägig berechnen aus der abgegebenen elektrischen Leistung P_{ab}, der spezifischen Sonneneinstrahlung P_s, sowie den Einzelwirkungsgraden für das Kollektorsystem η_k und den Wärmekraftprozeß im Kraftwerk η_w zu

$$A = \frac{P_{ab}}{P_s f \eta_k \eta_w} \tag{5.8}$$

Der außerdem enthaltene Flächenbedeckungsfaktor f berücksichtigt die Tatsache, daß wegen der gegenseitigen Abschattung die Kollektoren nicht zu dicht nebeneinander aufgestellt werden dürfen und auch Freiflächen für Wartungsarbeiten (Reinigen der Spiegel) vorzusehen sind. Bei Annahme realistischer Zahlenwerte ergibt sich ein Flächenbedarf von etwa 10 000 m^2 pro MW abgegebener elektrischer Leistung.

Beispiel 5.1 Die Wirkungsgrade eines Flachkollektors und eines zylindrischen Parabolspiegels bei der Einstrahlung P_s = 900 W/m^2 sind zu ermitteln.

Bekannt sind für den Flachkollektor, der eine Glasscheibe mit τ = 0,9 aufweist, der Reflexionskoeffizient ϱ = 0,22 und die Verluste in Höhe von 180 W/m^2 bei Δt = 50 K.

Für den Parabolspiegel mit C = 15 gelten die Kennwerte ρ = 0,85; γ = 1; α = 80 %. Die Verluste sind hier 670 W/m^2 Absorberfläche bei Δt = 300 K und obiger Einstrahlung.

Außerdem ist der Flächenbedarf für die abgegebene Leistung 1500 kW abzuschätzen, wenn der Kraftwerksprozeß, der von den Parabolkollektoren versorgt werden soll, einen Wirkungsgrad von 30 %, und der Wärmeprozeß, den die Flachkollektoren speisen sollen, einen solchen von 85 % aufweist. Der Flächenbedeckungsfaktor ist zu 0,7 (Spiegel) bzw. 0,8 (Flachkollektoren) anzunehmen.

Für den Flachkollektor ist mit dem Absorptionsvermögen $\alpha = 1 - \rho = 1 - 0{,}22 = 0{,}78$ und den spezifischen Verlusten $q_v = Q_v/A$ der Wirkungsgrad nach Gl. 5.6

$$\eta_k = \alpha\,\tau - \frac{Q_v}{P_s\,A} = 0{,}78\cdot 0{,}9 - \frac{180\,W/m^2}{900\,W/m^2} = 0{,}502$$

während der Parabolspiegel auf Grund seines Konzentrationsfaktors C mit Gl. 5.7 auf

$$\eta_k = \alpha\,\gamma\,\varrho - \frac{q_v}{P_s\,C} = 0{,}8\cdot 1\cdot 0{,}85 - \frac{670\,W/m^2}{900\,W/m^2\cdot 15} = 0{,}63$$

kommt, also eine bessere Strahlungsausbeute liefert.

Der Flächenbedarf der Kollektoren für den Kraftwerksprozeß errechnet sich mit Gl. 5.8

$$A = \frac{P_{ab}}{p_s\,f\,\eta_k\,\eta_w} = \frac{1500\,kW}{0{,}9\,kW/m^2\cdot 0{,}7\cdot 0{,}63\cdot 0{,}3} = 12\,598\,m^2$$

also wegen des guten Einstrahlungswerts etwas kleiner als der angegebene Richtwert, und der für den Wärmeprozeß analog zu A = 4882 m^2. (Trotz schlechteren Kollektorwirkungsgrads günstiger wegen des hohen Wärmeausnutzungsgrads).

Bei der Nutzung der Solarenergie ebenso wie der im folgenden behandelten Windenergie besteht eines der Hauptprobleme in der Ungleichförmigkeit des Primärenergieangebots, die nur durch großräumigen Verbund oder durch **Speicherung** ausgeglichen werden kann. Bezüglich der Speichermöglichkeiten gibt Bild 5.15 einen Überblick über die in Frage kommenden Speichersysteme und -medien sowie deren Energiedichte als wichtigstes Kriterium für die erreichbare Speicherfähigkeit. Neben der Speicherung von Elektrizität, die praktisch nur in Batterien bzw. Akkumulatoren möglich ist, kommt auch die Speicherung von mit Elektrizität erzeugten Medien in Betracht. So kann man beispielsweise mit solar oder per Windkraftwerk erzeugtem Strom ein Pumpspeicherkraftwerk, wie in Abschn. 4.7 beschrieben, betreiben und damit potentielle Energie in großem Umfang speichern.

Aussichtsreich ist auch die Speicherung von solarer Wärme (Dampf- oder Wasserspeicher) sowie von **Wasserstoff**. Letzterer kann über Elektrolyse mit Solarstrom aus Wasser erzeugt und flüssig oder gasförmig gespeichert werden. In verflüssigter Form ist auch ein Transport von

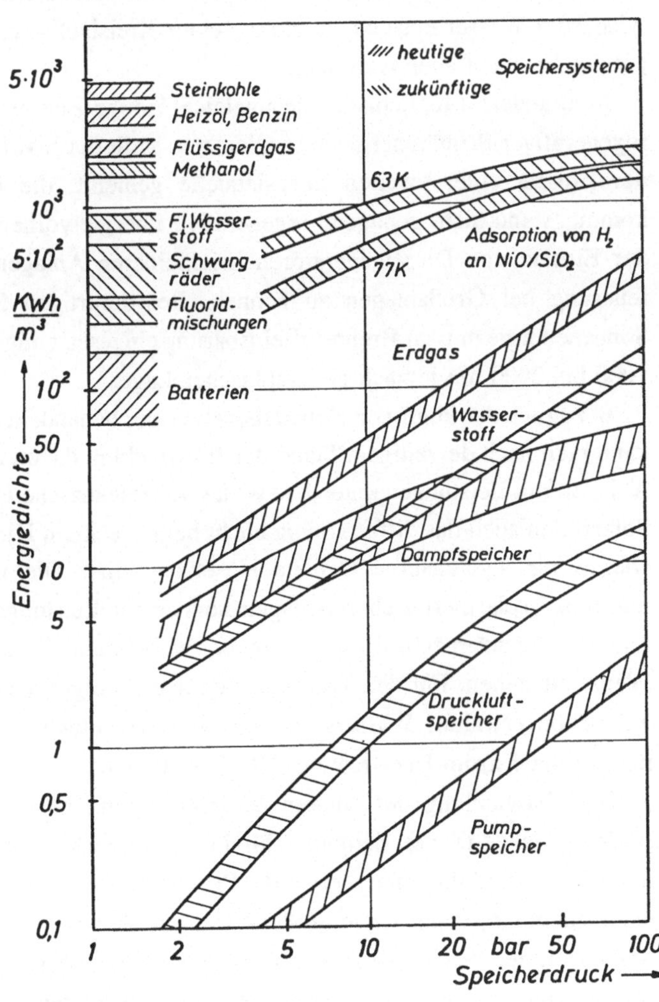

Bild 5.15 Speichersysteme

solarem Wasserstoff aus sonnenreichen Gegenden der Erde in sonnenärmere denkbar. Wenn man die Wasserstoffenergie dann wieder in Elektrizität umwandelt, beispielsweise mit Hilfe von Brennstoffzellen, ist allerdings der Gesamtwirkungsgrad so klein (bei Verwendung von Solarzellen zur Stromerzeugung unter 3 %), daß die Kosten dafür unverhältnismäßig hoch sind. Eine direkte Nutzung des Wasserstoffs als Endenergie (z.B. katalytische Verbrennung) ist sicherlich energetisch günstiger, stellt aber durch die leichte Explosivität des Wasserstoffs in Verbindung mit Luftsauerstoff eine nicht unerhebliche Gefahr für den Endverbraucher dar. Da als Endprodukt wiederum Wasser entsteht, liegt ein echter Kreislauf vor, das Wasser wird also nur **ge**braucht, nicht aber **ver**braucht.

Eine andere Möglichkeit, die ungleichförmige Energielieferung aus Anlagen mit regenerativer Primärenergie auszugleichen, stellt der **bivalente** Betrieb dar. Damit ist der Einsatz einer zweiten Energiequelle gemeint, die immer dann zum Einsatz kommt, wenn nicht genügend regenerative Energie vorhanden ist. Hier ist vor allem der Einsatz von Dieselgeneratoren bei kleineren Anlagen und eine fossile Zusatzfeuerung bei Großanlagen zu nennen. Bei derartigen Systemen würde z.B. die Sonnenenergie nur zur Brennstoffeinsparung eingesetzt mit einer Benutzungsdauer von 1000 bis 2000 h/a je nach geographischer Lage.

Bezüglich der künftigen **Einsatzbereiche** der behandelten Solarkraftwerkskonzepte kann man nach derzeitigem Stand der Entwicklung davon ausgehen, daß für kleinere Anlagen mit Leistungen unter 1 MW das solarelektrische Prinzip günstiger ist, zumal Solarzellen auch das diffuse Sonnenlicht bei bedecktem Himmel verwerten und damit ebenso für äquatorferne Gebiete einsetzbar sind. Die nur die direkte Strahlung nutzenden solarthermischen Anlagen können für Leistungen über 1 MW in sonnenreichen Gegenden zum Einsatz kommen, wobei beide Konzepte (Turm und Farm) im Wettstreit stehen. Für den Transport von derart umgewandelter Solarenergie kommt, wie schon erwähnt, Wasserstoff oder auch auf elektrischem Wege die Hochspannungs-Gleichstrom-Übertragung (HGÜ) in Betracht.

Die Entwicklung der solaren Stromerzeugung befindet sich erst im Anfangsstadium, daher ist der Zeitpunkt für ihren großtechnischen Einsatz nur schwer abzuschätzen. Daß die Solarenergie die Primärenergie der Zukunft sein wird, ist höchst wahrscheinlich; wann sie in großem Maßstab eingesetzt wird, hängt in erheblichem Maße von der Wirtschaftlichkeit der Anlagen im Vergleich mit der herkömmlichen Stromerzeugung ab. Diese ist derzeit noch nicht gegeben, die Anlagekosten von Solarkraftwerken betragen das 10- bis 20-fache der Kosten eines konventionellen

Kraftwerks gleicher Leistung. Es ist aber zu erwarten, daß in Bezug auf Wirkungsgrad und Herstellungskosten - vor allem bei den Solarzellen, aber auch bei Einzelkomponenten des solarthermischen Systems - noch erhebliche Verbesserungen erzielt werden können. Die niedrige Vollastbenutzungsdauer der Solarenergie, die auch ein Grund für die hohen Kosten ist, wird aber nicht zu verbessern sein.

5.3 Windkraftwerke

Die Bewegung der Erdatmosphäre wird durch Zufuhr von Strahlungsenergie der Sonne verursacht, die Windenergie ist folglich eine sekundäre Form der Sonnenenergie. Sie kann in Windkraftanlagen, auch **Windenergiekonverter** (WEK) genannt, in mechanische oder elektrische Energie umgeformt werden. Wichtigstes Bauteil derartiger Anlagen, die seit Jahrhunderten in Form von Windmühlen betrieben werden, ist das flügelförmige Windrad (Rotor).

Etwa 2 % der eingestrahlten Sonnenenergie werden in Bewegungsenergie der Atmosphäre umgesetzt, das sind weltweit ungefähr $3 \cdot 10^7$ TWh/a oder als mittlere Leistung ausgedrückt $3{,}3 \cdot 10^3$ TW. Davon sind tatsächlich aber nur bis zu 3 %, also $9 \cdot 10^5$ TWh/a nutzbar, denn zum einen fällt die weitaus meiste Windenergie über den Weltmeeren an, zum anderen können Windenergieanlagen eine bestimmte Höhe (um 300 m) nicht überschreiten und benötigen stets einen gewissen Abstand zueinander (10- bis 40-facher Rotordurchmesser).

Für Deutschland ergäbe dies ein **Windenergiepotential** von etwa $2 \cdot 10^3$ TWh/a. Wie Bild 5.16 verdeutlicht, ist aber die **Windgeschwindigkeit** v örtlich sehr unterschiedlich verteilt. Als untere wirtschaftliche Nutzungsgrenze gilt die mittlere Windgeschwindigkeit in 10 m Höhe $\overline{v}_{10}$ = 4 m/s (Jahresmittel). Die Linien gleicher Windgeschwindigkeit - die Isoventen - zeigen, daß diese Grenze in Deutschland nur in einigen Regionen überschritten wird, die sich somit als

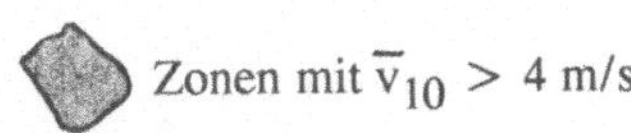

Bild 5.16 Windgeschwindigkeit

Standort für Windkraftanlagen eignen. So reduziert sich das nutzbare Potential auf ungefähr 300 TWh/a.

Infolge nur geringer Reibung der Luftströmung über den Wasserflächen erreichen kräftige Seewinde die Küste mit hoher Geschwindigkeit, verlieren aber bis 200 km landeinwärts bedeutend an Energie wegen der höheren Reibung über den Landflächen. Daher werden lediglich auf den Höhen der Mittelgebirge und der Alpen in Deutschland ähnliche Windgeschwindigkeiten erreicht wie an der Küste, wo die besten Bedingungen für Windanlagen herrschen.

Für die Nutzung wichtig ist die **Höhenverteilung** der Windgeschwindigkeit, die nach der Beziehung

$$v_H = v_{10} \left(\frac{H}{10\,m} \right)^{\alpha} \qquad (5.9)$$

näherungsweise bestimmt werden kann; dabei ist v_H die in der Höhe H zu bestimmende und v_{10} die in 10 m Höhe gemessene Windgeschwindigkeit. Der Einfluß der Bodenreibung wird durch den Hellmann-Exponenten α berücksichtigt, dessen Wert zwischen 0,1 und 0,4 liegt. (Anhaltswerte: Offene See 0,1; Küste 0,14; flaches Land 0,15; Wald 0,3; Städte 0,4).

Weiterhin von Bedeutung bei der Wahl eines Standpunkts für einen Windenergiekonverter ist die **Summenhäufigkeitsverteilung** der Windgeschwindigkeit, also die Angabe, wie oft und wann im Jahr eine bestimmte Grenze unterschritten wird oder die relative Häufigkeit, die angibt, wie groß die Auftrittswahrscheinlichkeit eines Intervalls, z.B. 8 - 8,5 m/s, ist. (Die Verteilungsfunktion kann nach Weibull oder Rayleigh angenähert werden). So beträgt beispielsweise an der Nordseeküste (St. Peter) in 150 m Höhe die Windgeschwindigkeit während 5 % des Jahres weniger als 4 m/s und während 45 % des Jahres mehr als 12 m/s. Daraus folgt auch, daß Anlagen zur Windenergienutzung in größere Höhen reichen sollten, weil dort das Windangebot nicht nur größer sondern auch gleichmäßiger ist als in Bodennähe.

Tritt eine **Luftströmung** mit der Geschwindigkeit v senkrecht durch eine Fläche, so ergibt sich aus der kinetischen Energie $mv^2/2$ und der pro Flächen- und Zeiteinheit durchströmenden Luftmasse ϱv die spezifische Leistung pro Flächeneinheit zu

$$P_w = \frac{\varrho}{2} v^3 \qquad (1\,W = 1 \frac{kg\, m^2}{s^3}) \qquad (5.10)$$

mit der Luftdichte ϱ, die von Luftdruck, Höhe und Temperatur abhängt und im Mittel zu 1,2 kg/m^3 angenommen werden kann. Die für die Nutzung zur Verfügung stehende Leistung wächst also mit der dritten Potenz der Windgeschwindigkeit, was zu großen Leistungsschwankungen bei böigem Wind führt. (Bei v = 1 m/s ergibt sich das spezifisches Leistungsangebot P_W = 0,6 W/m^2, bei v = 10 m/s ein solches von P_W = 600 W/m^2).

Von diesem Leistungsangebot wird durch den Windenergiekonverter infolge von Strömungsverlusten und Reibung nur ein Teil genutzt, der wie üblich durch den **Gesamtwirkungsgrad** η_{ges} ausgedrückt wird. Daher ist mit der vom Rotor überstrichenen Fläche A (senkrecht zur Strömungsrichtung) die abgegebene Leistung einer Windkraftanlage

$$P_{ab} = \frac{\varrho}{2} v^3 A \eta_{ges} \tag{5.11}$$

und daraus die Energie bei nicht konstanter Windgeschwindigkeit

$$W_{ab} = \int_0^T P_{ab} dt = \frac{\varrho}{2} A \eta_{ges} \int_0^T v^3 dt = \frac{\varrho}{2} A \eta_{ges} \overline{v^3} T \tag{5.12}$$

Darin bedeutet $\overline{v^3}$ den Mittelwert der v^3-Werte innerhalb eines Zeitraums T. Beispielsweise kann eine Windkraftanlage mit 100 m Rotordurchmesser und einem Gesamtwirkungsgrad von 25 % bei einer mittleren Windgeschwindigkeit von v = 8 m/s im Jahr theoretisch 5,3 GWh erzeugen. (Praktisch würde dieser Wert nicht erreicht werden, da sowohl oberhalb als auch unterhalb bestimmter Grenzwerte der Windgeschwindigkeit die Anlage keine Energie abgibt, wie unten noch näher erläutert wird).

Die **Messung** der Windgeschwindigkeit kann mit drei Methoden erfolgen:

- **Staudruckmessung** mit dem Prandtl'schen Staurohr,

- **Hitzdrahtanemometer**, bei dem die abkühlende Wirkung des Windes auf einen beheizten Platin- oder Wolframdraht als Maß für die Windgeschwindigkeit dient,

- **Schalenkreuzanemometer**, das aus halbkugelförmigen Schalen an einem Drehkreuz besteht, und die am häufigsten eingesetzte Meßmethode für Windanlagen ist.

Betrachtet man die **Energiewandlung** im Windrotor, so muß der Entzug von Energie aus der Luftströmung eine Abnahme der Windgeschwindigkeit zur Folge haben, die Differenz der Windgeschwindigkeiten vor und hinter dem Windrad also ein Maß für die entzogene Leistung sein. Berechnungen und Versuche zeigen, daß eine optimale Nutzung eines aerodynamisch geformten Flügels dann gegeben ist, wenn die Windgeschwindigkeit beim Durchströmen auf ein Drittel herabgesetzt wird. Dabei ergibt sich ein theoretisch maximal möglicher Ausnutzungsfaktor der kinetisch-mechanischen Energieumwandlung an einem Windflügel von 16/27 = 0,593. Diesen aerodynamischen Wirkungsgrad des Flügels nennt man bei Windenergiekonvertern **Leistungsbeiwert** C_p mit der Definition

$$C_p = \frac{\textit{Rotorleistung}}{\textit{angebotene Windleistung}} \qquad (5.13)$$

Der praktisch erreichbare höchste C_p-Wert liegt wegen der auftretenden Verluste bei 46 bis 50 %. Wird die Drehzahl konstant gehalten, sinkt diese Obergrenze auf etwa 32 % ab. Um den **Gesamtwirkungsgrad** η_{ges} einer Windkraftanlage zu erhalten, ist C_p in bekannter Weise mit dem mechanisch-elektrischen Wirkungsgrad η_{me} der nachgeschalteten Aggregate, wie z.B. Getriebe, Generator, Stromrichter, zu multiplizieren

$$\eta_{ges} = C_p \, \eta_{me} \qquad (5.14)$$

Eine weitere Kenngröße eines Windrades ist die **Schnellaufzahl** λ, für die gilt

$$\lambda = \frac{\textit{Umfangsgeschwindigkeit der Flügelspitzen}}{\textit{Windgeschwindigkeit}} = \frac{2\,\pi\,n\,R}{v} \qquad (5.15)$$

mit der Drehzahl n und der Flügellänge bzw. dem Rotorradius R. Sie ist in weiten Grenzen variabel und beeinflußt entscheidend die aerodynamische Ausnutzung, also den Leistungsbeiwert eines Flügels. Den Quotienten aus C_p und λ bezeichnet man als Momentenbeiwert C_m.

Den Zusammenhang zwischen Leistungsbeiwert und Schnellaufzahl verdeutlicht Bild 5.17 bei verschiedenen Einstellwinkeln des den Flügel bildenden, verstellbaren Rotorblatts. Die Kurvenform ist abhängig von der konstruktiven Gestaltung des Rotorblatts, das dargestellte Diagramm ist daher nur ein Beispiel. Vielflügelige Anlagen erreichen das Maximum des Leistungsbeiwerts bei λ-Werten zwischen 1 und 3 und

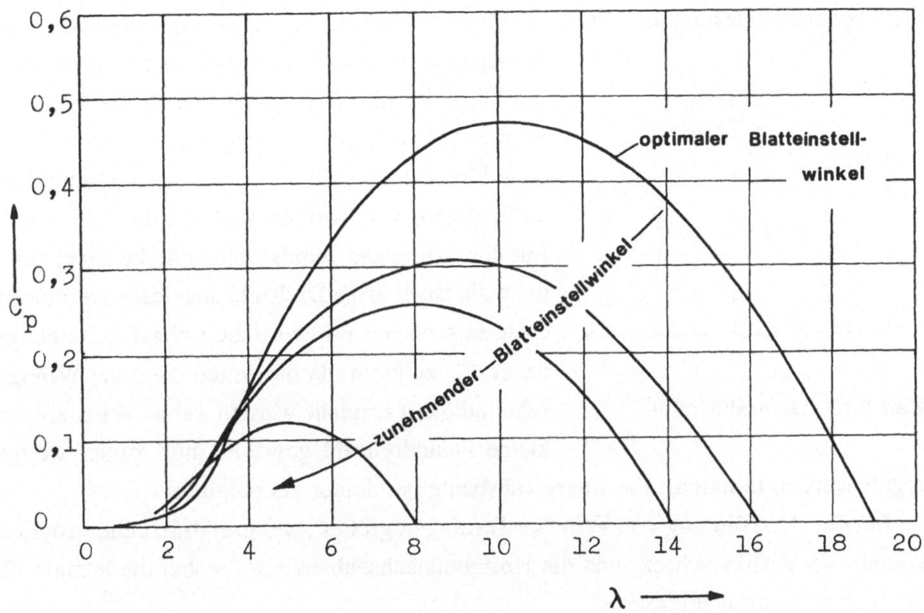

Bild 5.17 Leistungsbeiwert C_p und Schnellaufzahl λ

werden daher als Langsamläufer bezeichnet, während Anlagen mit 2 oder 3 Flügeln die beste aerodynamische Ausnutzung bei Schnellaufzahlen zwischen 6 und 15 (Schnelläufer) erreichen. Bild 5.17 gilt demnach für einen schnellaufenden Rotor.

Bezüglich der **Bauart** von **Windrotoren** unterscheidet man auftriebnutzende und widerstandnutzende Systeme, wobei Widerstandsläufer wegen ihres schlechteren Leistungsbeiwerts (theoretischer Maximalwert 30 - 34 % je nach Widerstandsbeiwert des Läufers) für die Elektrizitätserzeugung praktisch nicht in Betracht kommen. Es werden daher fast ausschließlich Flügel mit aerodynamisch geformtem Profil eingesetzt, wie sie auch der Flugzeugbau benutzt, aber im Windrad mit verstellbarem Anstellwinkel zum Zwecke der Leistungsregelung (s.unten).

Die **Rotordrehzahl** müßte - wie die Kurve $C_p = f(\lambda)$ zeigt - variabel der stets wechselnden Windgeschwindigkeit folgen, um ein konstantes λ und damit den besten Wirkungsgrad $C_{p,max}$ zu erreichen. Dies ist zwar prinzipiell möglich, z.B. mit einem Gleichstromgenerator und Wechselrichter (windgeführter Betrieb). Jedoch wird in den meisten Anwendungsfällen versucht, aus Kostengründen ohne den Wechselrichter auszukommen, was dann aber eine zumindest ungefähr konstante Drehzahl des

Windrotors voraussetzt. Es ist daher die optimale Drehzahl zu bestimmen, bei der die Jahresenergielieferung an dem vorgesehenen Standort, d.h. gegebener Häufigkeit der Windgeschwindigkeit, am größten ist. Dazu wird mit Hilfe der für einen gegebenen Rotor bekannten Kurve $C_p = f(\lambda)$ der Leistungsbeiwert für verschiedene Drehzahlen n über der Windgschwindigkeit v aufgetragen, was Kurven wie in Bild 5.18 ergibt. Für den häufigsten Windgeschwindigkeitswert kann dann die zugehörige Drehzahl abgelesen werden. Ist diese zu groß gewählt, wird die Vollast-Benutzungsdauer T_m zu klein, da nur selten die hohe Windgeschwindigkeit erreicht werden kann. Wird eine zu kleine Nenndrehzahl gewählt, muß zuviel weggeregelt werden (s.unten), die Energieausbeute ist kleiner als möglich.

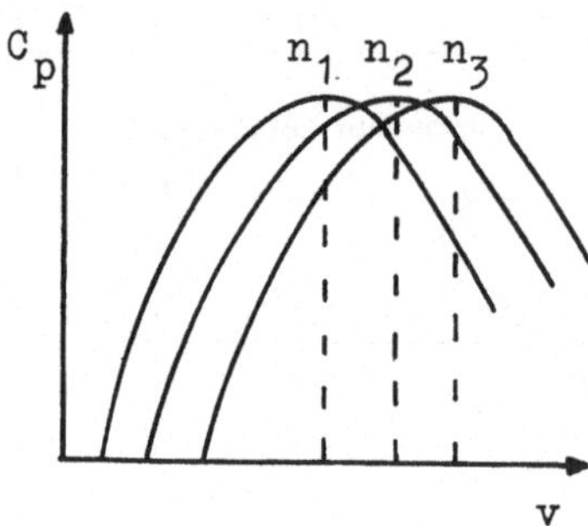

Bild 5.18 Drehzahleinfluß

Bei der **Ausführung** von **Windkraftanlagen** gibt es zwei grundsätzliche Möglichkeiten: die Vertikalachsen- und die Horizontalachsenbauweise, wobei die letztere die bei weitem gebräuchlichste ist.

Horizontalachsenrotoren nach Bild 5.19 bieten den Vorteil, daß Drehzahl und Leistung durch Blattverstellung geregelt werden können, sie müssen allerdings der Windrichtung nachgeführt werden. Für die Rotorblätter werden Standard-Profile aus dem Flugzeugbau eingesetzt, die Werkstoffe reichen von Holz über Aluminium und Stahl bis zu Verbundmaterialien aus Glasfaser und Kohlefaser mit Epoxidharzen. Vielblättrige Rotoren (mehr als 4 Flügel) mit geringen Drehzahlen und Schnelllaufzahlen zwischen 1 und 3 (**Langsamläufer**) werden für Kleinanlagen eingesetzt, während größere Anlagen mit wenigblättrigen Rotoren (1 bis 3 Flügel) als **Schnellläufer** ausgerüstet werden. Hier liegen die Schnellaufzahlen für 2 Blätter bei 9 bis 10 und für 3 Blätter bei 6 bis 8. Für die Windverhältnisse an der deutschen Nordseeküste haben 3-blättrige Rotoren im Leistungsbereich zwischen 300 kW und 1,2 MW die günstigste Energieausbeute.

Der Generator befindet sich im Maschinenhaus an der Spitze des Turms und ist meist über ein Getriebe an die Rotorachse gekuppelt. Der Rotor kann als **Luvläufer**, also in Windrichtung vor der Turmachse, oder als **Leeläufer** (hinter dem Turm) ausgeführt sein. In beiden Fällen ergibt sich ein nicht unerheblicher Momentenstoß beim Durchgang durch den Turmschatten, die Rotorachse wird daher häufig um einige Grad gegen die Horizontale geneigt, um einen größeren Abstand des Flügels

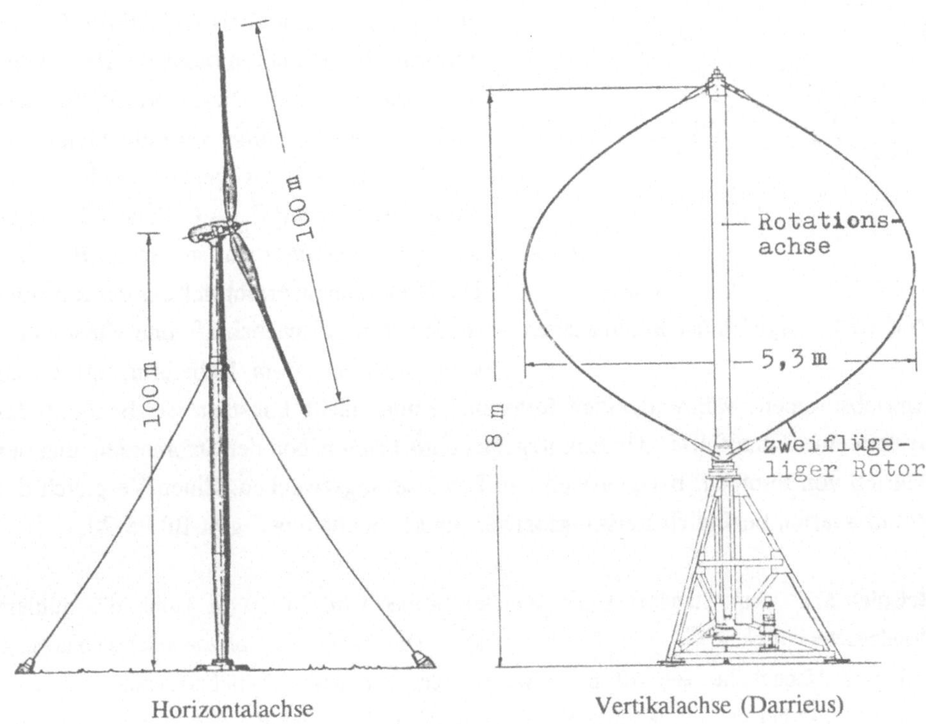

Bild 5.19 Bauarten von Windkraftanlagen [MAN; Fokker]

zum Turm zu erreichen. Ein weiteres Problem ist die bei größeren Rotordurchmessern sich ergebende unterschiedliche Windgeschwindigkeit bei höchster und niedrigster Stellung der Blattspitzen auf Grund der Höhenverteilung der Windgeschwindigkeit (vgl. Gl. 5.9). Dies bedeutet ebenfalls einen Drehmomentenstoß bei jeder Umdrehung und somit eine starke Belastung von Getriebe und Lager, die zu Schäden im Betrieb führen kann.

Vertikalachsenrotoren sind unabhängig von der Windrichtung, der Generator kann am Erdboden fest eingebaut werden, Schleifringe zur Übertragung der Energie vom drehbaren Teil - wie bei horiozontaler Achse nötig - entfallen hier. Trotz dieser Vorteile konnte sich diese Bauart bisher nicht durchsetzen, es existieren lediglich einige Prototypen kleinerer Leistung.

Als Bauart gibt es den **Savonius**-Rotor, ein Widerstandsläufer mit einem relativ kleinen aerodynamischen Wirkungsgrad (C_p = 0,2), der für Stromerzeugungszwecke

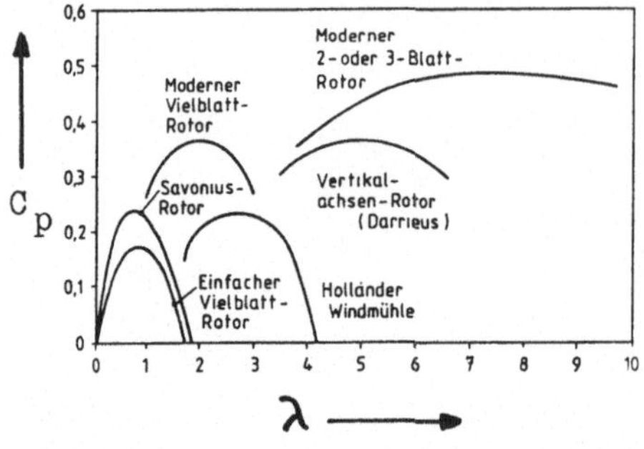

Bild 5.20 Vergleich der Rotorbauarten

nicht geeignet ist und als Anlaufhilfe für den energetisch günstigeren **Darrieus**-Rotor (Bild 5.19) dienen kann. Dieser Vertikalachsen-Rotor, der auch in einer vereinfachten Form als H-Darrieus-Rotor gebaut wird, ist ein Auftriebsläufer mit C_p = 0,4 und gebogenen oder geraden, senkrecht stehenden Blättern. Das Drehmoment ergibt sich aus der Resultierenden von Auftriebskraft und Strömungswiderstand und dem Hebelarm. Da dieses Antriebsmoment während einer Rotorumdrehung nicht konstant ist, benötigt das System eine Anlaufhilfe. Als Einsatzgebiet eignet sich neben der Stromerzeugung der Antrieb von Pumpen, beispielsweise zu Bewässerungszwecken. Einen Vergleich der Rotorbauarten bezüglich Leistungsbeiwert und Schnellaufzahl gibt Bild 5.20.

Beispiel 5.2 Am Standort eines Windkraftwerks wird in 10 m Höhe die mittlere Windgeschwindigkeit v_{10} = 6,4 m/s gemessen. Die Anlage in Horizontalachsenbauweise soll eine Nabenhöhe von 70 m aufweisen, das 2-flügelige Windrad habe im Nennbetriebspunkt bei der mittleren Windgeschwindigkeit die Schnellaufzahl λ = 6,9 und den Leistungsbeiwert C_p = 0,35. Der mechanisch-elektrische Wirkungsgrad sei η_{me} = 0,78 und der Koeffizient der Bodenreibung α = 0,2.

Wie groß müssen Rotordurchmesser und Nenndrehzahl der Anlage sein, um die angegebenen Werte zu erfüllen und bei der mittleren Windgeschwindigkeit die elektrische Leistung P_{ab} = 700 kW abzugeben?

Zunächst ist die mittlere Windgeschwindigkeit in Nabenhöhe zu bestimmen; sie errechnet sich mit Gl. 5.9 zu

$$v_H = v_{10} \left(\frac{H}{10\,m}\right)^{\alpha} = 6{,}4\,\frac{m}{s}\left(\frac{70\,m}{10\,m}\right)^{0{,}2} = 9{,}445\,\frac{m}{s}$$

Damit kann aus der Formel für die abgegebene Leistung (Gl. 5.11) mit Gl. 5.14 die Rotorfläche berechnet werden

$$A = \frac{P_{ab}}{\frac{\varrho}{2}\,v^3\,C_p\,\eta_{me}} = \frac{700\,kW}{0{,}6\,kg/m^3 \cdot (9{,}445\,m/s)^3 \cdot 0{,}35 \cdot 0{,}78} = 5072\,m^2$$

und aus dieser Fläche, da kreisförmig, der Rotordurchmesser D = 80,36 m.

Aus der Gl. 5.15 für die Schnellaufzahl ergibt sich bei der errechneten Windgeschwindigkeit die Nenndrehzahl des Rotors

$$n = \frac{\lambda\ v}{2\ \pi\ R} = \frac{6{,}9 \cdot 9{,}445\ m/s}{2 \cdot \pi \cdot \frac{80{,}36}{2}\ m} = 0{,}2581\ s^{-1}$$

oder in der üblichen Einheit n = 15,49 min^{-1}.

Die Art der **Leistungsregelung** von Windkraftanlagen hängt von der Rotorbauweise ab. Die Rotorblätter der Langsamläufer bestehen meist aus einfachen gekrümmten Blechen ohne aerodynamisches Profil und Verstellmöglichkeit; sie können daher nicht geregelt werden. Es findet lediglich eine Grobregelung durch Wegdrehen aus dem Wind bei zu hoher Windgeschwindigkeit statt. Schnelläufer hingegen bieten meist die Möglichkeit, den Anstellwinkel des Flügels gegenüber der Windrichtung zwischen Stillstand (etwa 40°) und Vollast (Winkel etwa Null) zu verändern (**Blattwinkel-regelung**). Dies ist auch nötig, da der Schnelläufer wegen der kleinen Blattzahl nur schlechte Anlaufeigenschaften aufweist, die durch die Vergrößerung des Blattwinkels verbessert werden können.

Im Teillastbetrieb (etwa zwischen 4 und 12 m/s) kann dann der Blattwinkel so geregelt werden, daß die Drehzahl konstant ist, die Leistung also der Windgeschwindigkeit folgt. Wenn $v > v_n$ wird, verstellt die Regeleinrichtung den Blattwinkel in Richtung schlechteres C_p, so daß die Leistung konstant bleibt (s. Bild 5.21).

Wenn aus Kostengründen auf eine Blattverstellung verzichtet wird, kann eine Grobregelung durch Strömungsabriß, die **Stall-Regelung**, zum Einsatz kommen.

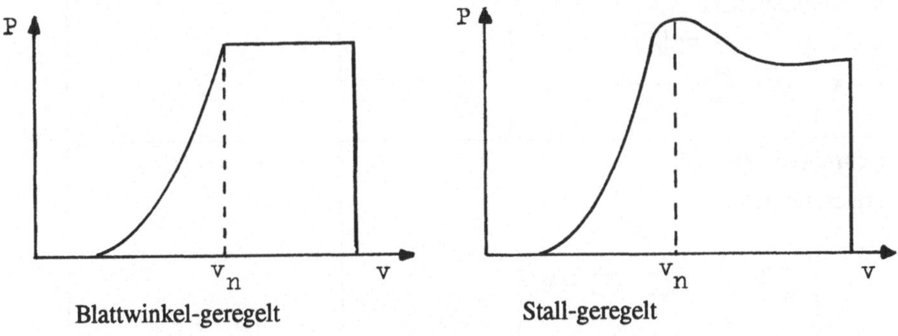

Bild 5.21 Leistung abhängig von der Windgeschwindigkeit

Wegen der Anlaufeigenschaften sollten stallgeregelte Rotoren allerdings mit 3 oder 4 Blätten ausgerüstet sein. Hier findet im oberen Lastbereich ($v > v_n$) eine Leistungsbegrenzung durch Strömungsabriß statt (Bild 5.21). Ein Energieverlust von ca. 20 % gegenüber blattwinkelgeregelten Anlagen muß in Kauf genommen werden.

Für die **mechanisch-elektrische Energiewandlung** kommen verschiedenartige Systeme in Frage, die in Tafel 5.3 aufgelistet sind. Ist der Generator im Turmkopf

Tafel 5.3 Mechanisch-elektrische Energiewandlungs-Systeme für Windkraftanlagen

Mechanisch-elektrisches System	Drehzahlbereich
Synchrongenerator netzgekoppelt 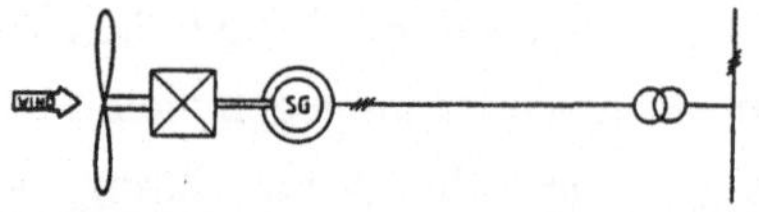	n_n +/- 0 %
Asynchrongenerator netzgekoppelt 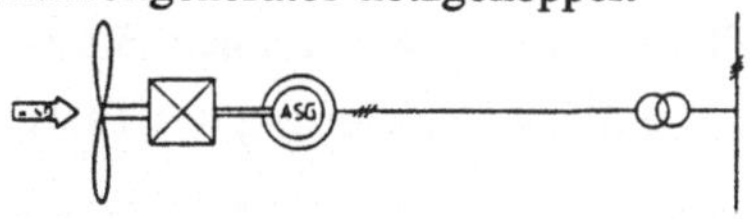	n_n +/- 0,5 %
Asynchrongenerator mit übersynchroner Stromrichterkaskade 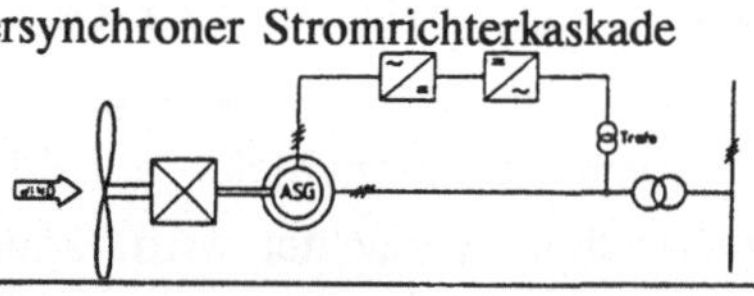	n_n +/- 15 %
Doppeltgespeister Asynchrongenerator mit Direktumrichter 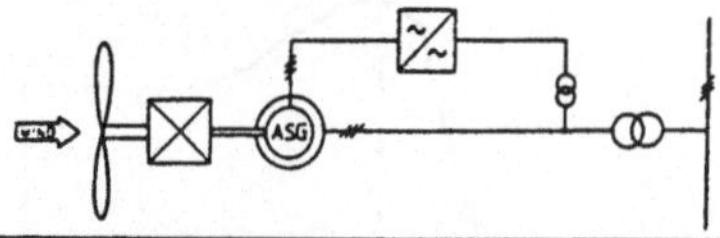	n_n +/- 15 %
Synchrongenerator mit Frequenzumrichter 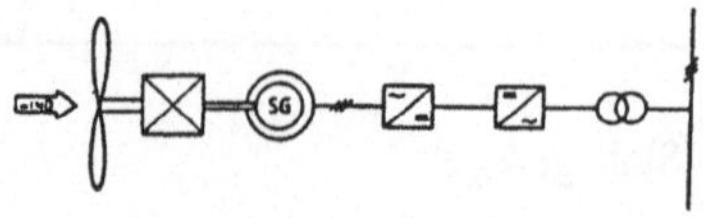	n_n +/- 50 %

montiert, muß eine leichte Bauweise gewählt werden, was eine hohe Drehzahl bedingt. Da der Windrotor aber nur geringe Drehzahlen erreicht ($n < 20\ min^{-1}$), ist ein Getriebe (Planetengetriebe wegen hohen Wirkungsgrads und kleiner Masse) nötig zur Heraufsetzung der Drehzahl auf $n = 1000$ bzw. $1500\ min^{-1}$. Bei vertikaler Achse, wo der Generator am Boden aufgestellt ist, spielt das Gewicht keine Rolle, so daß Direktkupplung ohne Getriebe vorgesehen werden kann.

Bei den Generatoren werden aus Wartungsgründen Drehstrommaschinen gegenüber Gleichstrommaschinen bevorzugt, die Generator-Wirkungsgrade liegen bei großen Maschinen im MW-Bereich zwischen 90 und 95 %, kleinere Maschinen erreichen nur 75 bis 90 % (Leistungen unter 10 kW auch darunter). Ein leichtes Nachgeben der Drehzahl ist wegen der dynamischen Belastung bei Windböen erwünscht.

Eine gewisse Annäherung an den Betrieb mit $\lambda = const.$ bietet die Verwendung drehzahlgestufter Systeme, also entweder mit zwei Generatoren oder als polumschaltbare Maschine mit zwei Drehzahlen. Der optimale "windgeführte Betrieb" mit variabler Drehzahl und konstanter Frequenz der erzeugten Spannung ist jedoch nur mit Gleichstrom- bzw. Synchronmaschine und Frequenzumrichter zu erreichen, eine recht kostenaufwendige Lösung.

Um die **Ungleichförmigkeit** des Leistungsangebots durch den Wind auszugleichen, kommen die bereits bei der Behandlung der Solarenergie genannten Speichermöglichkeiten in Betracht. Außerdem kann durch eine entsprechende Auslegung unter Verzicht auf die Nutzung größerer Windstärken ein häufigerer Vollastbetrieb und damit eine bessere Benutzungsdauer erzielt werden. (Als optimal gelten spezifische Flächenleistungen von 200 bis 800 W/m^2). Ebenso bringt die Zusammenschaltung von unterschiedlichen Kraftwerkssystemen eine Vergleichmäßigung der Leistungsabgabe, beispielsweise die Kombination von Solar- und Windgenerator oder der Verbund von Windanlage und Dieselgenerator. Auch ein Aufwind-Kraftwerk wurde schon gebaut, bei dem solar erwärmte Luft eine Windturbine antreibt.

Bezüglich der **Umweltaspekte** der Windenergie läßt sich feststellen, daß die optische Belästigung etwa denen von Hochspannungstrassen entspricht, was bei touristisch genutzten Landschaften (Nordseeküste, Alpengipfel) problematisch sein kann. In der Umgebung einer großen Ansammlung von Windkraftanlagen (Windpark) ist die Windgeschwindigkeit geringer als sie es ohne derartige Anlage wäre. Dies behindert eventuell den notwendigen Luftaustausch, kann aber andererseits auch erwünscht sein, z.B. zur Verringerung der Bodenerosion. Die Geräuschentwicklung ist nicht vernachlässigbar, stört allerdings nur in unmittelbarer Nähe einer Windanlage.

Der **Flächenbedarf** des Windkraftwerks selbst ist verhältnismäßig gering (0,2 km^2), bei einem Windpark ist aber zu beachten, daß der Abstand der Anlagen in Hauptwindrichtung nicht unter 200 m betragen sollte, um Abschattungseffekte zu vermeiden. Günstig ist in einem solchen Fall die "Busch- und Baum-Konfiguration", d.h. die Höhenstaffelung der Einzelanlagen, mit der die gegenseitige Beeinflussung verringert wird.

Die **Kosten** der kWh aus Windenergieanlagen sind wegen der im Vergleich mit Solaranlagen geringen Anlagekosten bereits jetzt konkurrenzfähig. An guten Standorten mit etwa 3000 h/a Vollast-Benutzungsdauer lassen sich Stromerzeugungskosten von 30 bis 50 Pf/kWh erzielen.

Die größten Einzelanlagen erreichen derzeit Leistungen von 5 MW. In Deutschland steht die größte Anlage auf Helgoland, ein Dreiflügler mit der elektrischen Bemessungsleistung 1,2 MW. Die "Große Windenergieanlage" (Growian) bei Brunsbüttel, mit 3 MW als Versuchsanlage 1983 - 1988 errichtet, wurde aus technisch-wirtschaftlichen Gründen 1988 wieder demontiert.

5.4 Nichtkonventionelle Wasserkraftwerke

5.4.1 Wellenkraftwerke

Die **Wellenenergie** wird hauptsächlich vom Wind erzeugt, hat aber gegenüber dem Wind eine höhere Energiedichte. Das zur Verfügung stehende Leistungspotential ist abhängig von Wellenhöhe und Wellenfrequenz. Eine typische Wellenhöhe ist in der Nordsee etwa 1,5 m mit einer Periodendauer von 6,2 s. Diese Werte entsprechen der Leistung von 14 kW je m Wellenfront. Für eine gedachte Welle von der Länge der deutschen Nordeeküste ergäbe dies eine Leistung von 3,6 GW.

Es existieren verschiedene Vorschläge für die **Konstruktion** einer Anlage, die die Wellenbewegung für die Erzeugung elektrischer Energie ausnutzt. Erfahrungen mit großtechnischen Verwirklichungen solcher Vorschläge liegen noch nicht vor, Versuche mit dem in Bild 5.22 dargestellten Prinzip (nach Salter) verliefen nicht sonderlich vielversprechend, vor allem wegen der zu geringen Energieausbeute. Der Salter'sche Vorschlag beinhaltet ein von den Wellen bewegtes Schaufelsystem mit doppelseitig wirkender Ringkammerpumpe, deren Arbeitsmedium (z.B. Wasser) eine Turbine mit Generator antreibt.

Nach einem anderen Prinzip arbeitet das Damm-Atoll-Projekt, bei dem die Welle eine feste, im Boden verankerte ansteigende Fläche hochläuft, an deren Ende das Wasser in einen Schacht fällt und dabei eine Wasserturbine antreibt. Der Wellenhub-Generator, ein weiterer Vorschlag, besteht aus einem den Wellenbewegungen folgenden Schwimmkörper, durch den Wasser hubweise mit Hilfe eines Rückschlagventils einer Turbine zugeführt wird; er ist wohl nur für sehr kleine Leistungen zu verwirklichen.

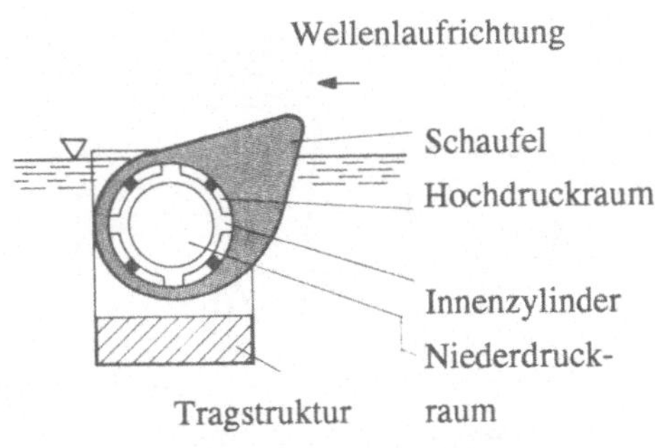

Bild 5.22 Prinzip der Wellenenergienutzung

Bei der Umsetzung aller genannten Systemvorschläge bestehen Probleme in der Lebensdauer wegen der mechanisch bewegten Teile, der Speicherung der ungleichförmig anfallenden Energie sowie dem Energietransport zum Festland. Für Sonderanwendungen mit geringem Leistungsbedarf (z.B. Stromversorgung von Bojen und kleineren Leuchttürmen) werden Wellenenergiewandler bereits eingesetzt, die Aussichten für eine großtechnische Nutzung sind jedoch ungewiß.

5.4.2 Gezeitenkraftwerke

Überall dort, wo ein Gezeitenunterschied (Tidenhub) von mehr als 3 m auftritt, können **Gezeitenkraftwerke** mit erprobten technischen Konzepten eingesetzt werden. Die untere Grenze für eine wirtschaftliche Nutzung liegt bei ungefähr 5 m.

Die durch auf die Erde einwirkende Anziehungskräfte von Mond und Sonne entstehenden periodischen Wasserstandsveränderungen der Meere betragen auf offener See nur etwa 1 m. Infolge von Resonanzerscheinungen und Trichterwirkungen kann jedoch an bestimmten Küstenabschnitten der Tidenhub bis zu 20 m betragen. In Deutschland liegt der Gezeitenunterschied bei weniger als 3 m; es gibt aber weltweit etwa 30 Orte, an denen mehr als 5 m erreicht werden. Dort ließen sich nach realistischen Schätzungen Gezeitenkraftwerke mit einer installierten Gesamtleistung von ungefähr 50 GW bauen. Allerdings befinden sich viele dieser Standorte nicht in der Nähe von Verbraucherzentren.

Die einzige bisher in Betrieb gegangene Großanlage zur Nutzung der Gezeitenkraft

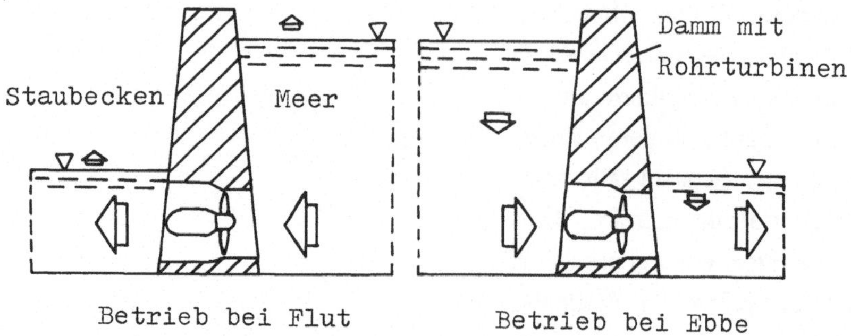

Bild 5.23 Prinzip eines Gezeitenkraftwerks

ist in St. Malo/Nordfrankreich installiert. Sie liefert schon seit 1966 Strom in das französische Netz und weist bei 13 m Tidenhub eine abgegebene elektrische Leistung von 240 MW auf, die auf mehrere Maschinensätze aufgeteilt ist. Die **Funktionsweise** eines Gezeitenkraftwerks ist unkompliziert (Bild 5.23). Ein Damm mit eingebauten Rohrturbinen (s. Abschn. 4.7) trennt ein möglichst großes Staubecken von der offenen See (in St. Malo wurde dafür die Mündung eines Flusses gewählt). Bei steigendem Meeresspiegel (Flut) fließt das Wasser durch die Rohrturbinen in das Staubecken und erzeugt dabei elektrische Energie. Fällt der Meeresspiegel wieder (Ebbe), läßt man Wasser in entgegengesetzter Richtung vom Staubecken ins Meer durch die Turbinen fließen. Während eines Gezeitenzyklus kommen so zwei begrenzte und zeitlich festliegende Betriebsphasen zustande, in denen Energie ins Netz geliefert werden kann. Ein Dauerbetrieb ist wegen des zeitweise zu geringen Höhenunterschieds zwischen Staubeckenwasserstand und Meeresspiegel nicht möglich, so daß die Benutzungsdauer einer derartigen Anlage nicht sehr groß ist.

Um die Energieabgabe zu erhöhen, kann auch ein zeitweiliger Pumpbetrieb vorgesehen werden, der in den unvermeidlichen Wartezeiten die Fallhöhe vergrößert und damit höhere Leistung ermöglicht. Der Einsatzplan eines Gezeitenkraftwerks wird in jedem Fall nicht wie üblich von den Netzerfordernissen bestimmt, sondern vom Auftreten der Gezeiten, die sich täglich leicht verschieben.

Soll Dauerbetrieb gefahren werden, müssen zwei Becken vorgesehen werden, in denen der Wasserstand so zu regeln ist, daß ständig eine Fallhöhe zwischen beiden genutzt werden kann. Der zusätzlich nötige Staudamm zwischen den beiden Becken erhöht aber die Baukosten beträchtlich, so daß eine Wirtschaftlichkeitsrechnung zeigen muß, ob diese durch die längere Betriebsdauer aufgewogen werden.

Die technische Ausführung der eigentlichen Kraftwerksanlagen wie Rohrturbine, Generator und Eigenbedarf entspricht weitgehend der von Laufwasserkraftwerken. Die Baukosten sind hoch, die resultierenden Stromerzeugungskosten liegen daher und wegen der geringeren Benutzungsdauer sowie dem nach Netzgesichtspunkten nicht optimalen Einsatz des Gezeitenkraftwerks höher als bei anderen Wasserkraftwerken üblicher Bauart.

5.5 Geothermische Kraftwerke

Nach gegenwärtigen Erkenntnissen betragen die Temperaturen im Erdinneren 3000 bis 10 000°C. Zu diesem Wärmepotential kommt die bei radioaktivem Isotopenzerfall in den oberflächennahen Gesteinsschichten entstehende Wärme hinzu. Auf Grund der Temperaturdifferenz zur Erdoberfläche entsteht ein ständiger **Wärmestrom**, der etwa 0,06 W/m^2 beträgt und zu rund 70 % von der Radioaktivität herrührt, während die restlichen 30 % von der Erdwärme verursacht werden. Ein Vergleich mit der mittleren Solareinstrahlung (110 W/m^2 in Mitteleuropa nach Abschn. 5.2) verdeutlicht die geringe Energiedichte dieses Wärmestroms. Dennoch beläuft sich dessen Energiepotential weltweit auf etwa $8{,}3 \cdot 10^4$ TWh/a und für Deutschland auf rund 200 TWh/a.

Ein bedeutend größeres Potential stellt jedoch die **Erdwärme** selbst dar. Die Temperatur nimmt von der Oberfläche zum Erdinneren durchschnittlich um 30 K/km zu. Eine Bohrung auf 6 km Tiefe würde folglich eine Temperatur von ungefähr 200°C ergeben. Bei Nutzung dieser Wärme durch Abkühlung auf 130°C stünde eine Energiemenge von $12 \cdot 10^6$ TWh/a allein für Deutschland als Primärenergie zur Verfügung.

Eine Möglichkeit, diese Wärmeenergie nutzbar zu machen, bietet das **Hot-Dry-Rock-Verfahren** nach Bild 5.24. Dabei werden zwei Bohrungen etwa 5 km tief niedergebracht, wo eine Gesteinstemperatur von 150 bis 200°C herrscht. Durch hydraulisches Aufbrechen wird das Gestein zwischen den Endpunkten beider Bohrlöcher wasserdurchlässig gemacht. Dann wird durch die eine Bohrung Wasser in das heiße Gestein gepreßt; hier verdampft es und gelangt durch die andere Bohrung wieder an die Oberfläche, wo sich ein konventioneller Dampfprozeß nach Abschn. 4.3 anschließen kann.

Ein Beispiel für die vereinfachte Schaltung eines derartigen Kraftwerks mit zwei

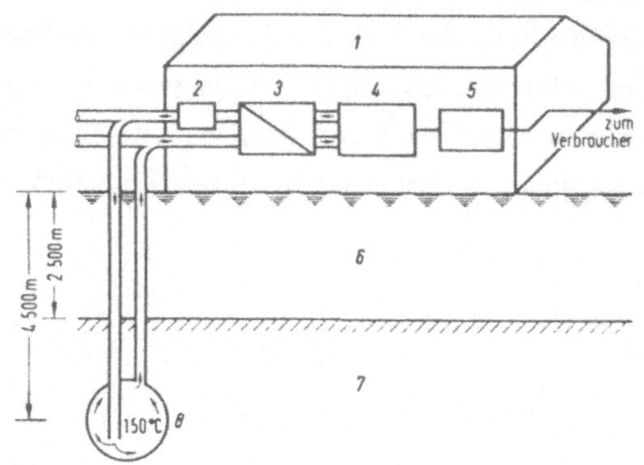

1 Kraftwerk
2 Pumpe
3 Wärmetauscher
4 Turbine
5 Generator
6 Sedimentgestein
7 Granit
8 hydr. gespaltenes Gestein

Bild 5.24 Geothermisches Kraftwerk nach dem Hot-Dry-Rock-Verfahren

Kreisläufen ist in Bild 5.25 dargestellt. Ein Wärmetauscher WT trennt die beiden Kreisläufe 1 (geothermischer Kreislauf) und 2 (eigentlicher Kraftwerkskreislauf). In beiden hält eine Pumpe P die Zirkulation aufrecht. Die Pumpe im geothermischen Kreislauf muß wegen der großen Förderhöhe und dem hohen Strömungswiderstand im gebrochenen Gestein besonders leistungsstark ausgelegt sein, was den Eigenbedarf des Systems nicht unerheblich steigert. Die technische Verwirklichung dieses Verfahrens ist trotz mehrerer Versuche bisher nicht gelungen, wobei die Hauptschwierigkeit in der Verbindung der beiden Bohrlöcher in großer Tiefe liegt.

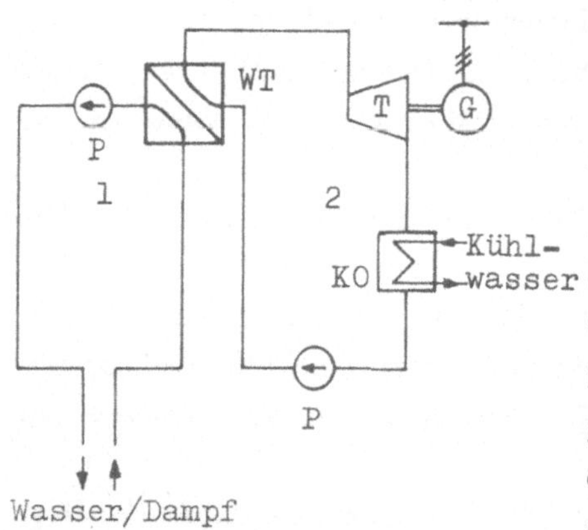

Bild 5.25 Schema eines geothermischen Kraftwerks

Wegen der - verglichen mit einem herkömmlichen Kraftwerk - sehr niedrigen Dampftemperatur (130 bis 180°C je nach Bohrtiefe) sowie der erforderlichen großen Pumpleistung ist der **Wirkungsgrad** gering; er liegt bei 5 bis 10 %. Eine geothermische Anlage hat demzufolge bezogen auf die Nennleistung große Abmessungen.

Ein **Auslegungsbeispiel** für ein 8 MW - Kraftwerk (Projektstudie) soll die Größenordnungen verdeutlichen:

- 12 Bohrungen: Durchmesser 250 mm, Tiefe 4,5 km

- Primärkreislauf (Zulauf/Ablauf WT)	150/122°C
- Sekundärkreislauf (Zulauf/Ablauf WT)	36/135°C
- Wärmetauscherleistung	100 MW
- Abwärme durch Kühlwasser	85 MW
- Generatorleistung	15 MW
- Umwälzpumpe	7 MW
- abgegebene Nettoleistung	8 MW

Bezogen auf die Wärmetauscherleistung ergibt sich also ein Nettowirkungsgrad von lediglich 8 %. Die Stromerzeugungskosten werden daher auf etwa das 4-fache heutiger kWh-Kosten geschätzt, genauere Angaben sind derzeit nicht möglich. Da die im Kühlwasser enthaltene Wärmemenge rund 10mal so groß ist wie die abgegebene elektrische Leistung, bietet sich die Verwendung des Kühlwassers zu Heizzwecken an, was den Gesamt-Nutzungsgrad erheblich steigern würde. Die niedrige Temperatur des Kühlwassers erschwert jedoch - wie auch bei herkömmlichen Kraftwerken - die Abwärmenutzung beträchtlich (s. Kap. 6).

Während das vorstehende Beispiel ein noch nicht ausgeführtes Projekt beschreibt, wird die Erdwärme mit einem anderen Verfahren weltweit schon in zahlreichen Dampfkraftwerken mit insgesamt 2000 MW genutzt. Diese Anlagen haben ihren Standort an **geothermischen Anomalien**, wo der Temperaturgradient etwa das 4-fache des normalen Werts erreicht und außerdem genügend Wasser in Tiefen bis etwa 1500 m vorhanden ist. An diesen Stellen wird das Gestein angebohrt, dabei strömt heißer Dampf aus, der in Dampfturbinen verwertet wird.

Obwohl diese Art der Erdwärmenutzung sich durch große Einfachheit auszeichnet, liegt der Nachteil in der an einigen Orten starken Umweltbelastung durch im Dampf enthaltene Fremdstoffe wie Schwefelwasserstoff und diverse gelöste Salze. Bei Ablassen des abgearbeiteten Dampfs ins Freie entsteht somit eine hohe Luftbelastung in der Umgebung der Kraftwerke, so daß unter Umständen der Dampf wieder ins Erdreich zurückgeleitet werden muß. Dies bedeutet eine erhebliche Verteuerung des erzeugten Stroms durch erhöhten Eigenbedarf und zusätzliche Anlagen.

Außerdem können die Schadstoffe im Dampf, die nicht an allen Einsatzorten gleichartig auftreten, da sie von der Zusammensetzung des angezapften Gesteins abhängen, Korrosionsschäden an Rohrleitungen und anderen mit dem Dampf in

Berührung stehenden Anlageteilen verursachen. Damit ist diese Art der Nutzung regenerativer Energie die einzige, bei der eine merkliche Schadstoffemission auftreten kann.

In Deutschland sind derartige große Anomalien nicht vorhanden, eine Erdwärmenutzung kommt hier allenfalls zu Heizzwecken (Niedertemperaturwärme) oder nach dem zuvor beschriebenen Hot-Dry-Rock-Verfahren in Betracht. Im Ausland sind zur Zeit mehrere Anlagen zur Stromerzeugung mit Erdwärme in der Größenordnung von zusammen 10 000 MW geplant.

5.6 Biomassenutzung

Biomasse ist in chemischer Form gespeicherte Sonnenenergie. Ihre Nutzung für den menschlichen Gebrauch beruht auf Biokonversion, also der Umwandlung von Biomasse in Wärme oder andere Sekundärenergieträger, wie z.B. elektrischen Strom. Unter Biomasse werden dabei Stoffe natürlicher Herkunft verstanden, wie natürliche Materie oder Abfallstoffe von Lebewesen. Die Grenze zu den fossilen Rohstoffen bildet der Torf, der schon zu letzteren gezählt wird.

Biomasse entsteht durch Photosynthese aus anorganischer Materie mit Hilfe der Solarstrahlung. Ihr Potential beträgt, wenn man nur die Landflächen in Rechnung stellt, weltweit $2 \cdot 10^{12}$ t = $3 \cdot 10^{22}$ J = 1000 Mrd. t SKE; davon sind zwischen 50 und 90 % Holzanteil. Als regenerativ ist nur der Zuwachs anzusehen, das ist etwa 1/10 des Bestands. Für Deutschland (West) ergäbe dies 72 Mio t SKE, wovon 26 Mio t SKE technisch und 6,5 Mio t SKE pro Jahr sinnvoll nutzbar sind. (Der Heizwert von Biomasse wird immer "atro", d.i. im absolut trockenen Zustand angegeben). Möglich wäre auch der Anbau von Energiepflanzen (China-Schilf, C4-Pflanzen), deren Biomassegehalt rund 10mal so groß ist wie der von Baumholz.

Als **Umwandlungstechniken** zum Zwecke der Energiegewinnung kommen in Betracht:

- physikalische Verfahren
- thermochemische Verfahren
- biologische Verfahren,

die nachfolgend kurz erläutert werden sollen.

Physikalische Biokonversionsverfahren bestehen zum einen in der Verdichtung von Stroh, Holzabfällen u.ä. zu Biobrennstoffen (Pellets, Cobs, Briketts) und zum anderen im Entzug von Energie durch Pressen, Säureaufschluß etc. Damit können beispielsweise Pflanzenöle (Raps) als Treibstoffe verwendet werden. Der Preis ist etwa doppelt so hoch wie der von Dieseltreibstoff.

Für die Stromerzeugung geeignet erscheinen die **thermochemischen Biokonversionsverfahren**. Der Rohstoff ist meist Holz. Bei dessen **Verbrennung** entstehen neben Nutzwärme CO_2 und Asche, der untere Heizwert ist 11 - 18 MJ/kg, für Müll gelten je nach Zusammensetzung 5 - 8 MJ/kg (vgl. Kohle mit 31 MJ/kg). Die Wirkungsgrade bei der Verbrennung reichen von 5 % (offenes Feuer) bis 70 % (Spezialöfen).

Die **Vergasung** von Holz (auch Stroh oder Schalenabfälle möglich) durch unterstöchiometrische Sauerstoffzufuhr (weniger als zur Verbrennung erforderlich) findet als Pyrolyse bei 500 °C statt und ergibt Generatorgas (H_u = 5 MJ/kg) oder Synthesegas. Auch **Verflüssigung** von Holz ist möglich, und zwar durch Zufuhr von CO bei 250 bis 400°C und hohen Drücken (140 bis 280 bar) unter Zuhilfenahme von geeigneten Katalysatoren oder durch Pyrolyse ohne Luftzufuhr (Bioöl).

Für die Speisung von Blockheizkraftwerken gut geeignet ist das Biogas, das in **biologischen Konversionsverfahren** gewonnen wird. Hierbei wandeln Mikroorganismen tierische oder pflanzliche Abfälle durch Gärung in Biogas oder Äthanol um. Dies kann anaerob (ohne Luftzufuhr) geschehen und wird dann als Fermentation bezeichnet, oder aerob (mit Luftzufuhr), was zur Verrottung führt.

Biogas, das zu 2/3 aus Methan (CH_4) und zu 1/3 aus CO_2 besteht, weist den recht guten Heizwert von H_u = 21 MJ/Nm^3 auf (vgl. Erdgas mit 36 MJ/Nm^3). Es entsteht durch anaerobe Fermentation in Sümpfen oder auch im Kuhmagen. **Aethanol** (C_2H_5OH) wird dagegen aus zuckerhaltiger Biomasse (z.B. Zuckerrohr) durch Gärung gewonnen und ist als Benzin-Zusatz geeignet (H_u = 27 MJ/kg gegenüber Benzin mit 46 MJ/kg).

Die Biogaserzeugung (Fermentation) findet in drei Stufen statt:

- Sauerbildung oder Hydrolyse (Spaltung der Biomasse mit Hilfe von Wasser)
- Säureabbau
- Methanbildung.

Unerläßlich dafür sind Bakterien (z.B. in Exkrementen enthalten), die eine konstante

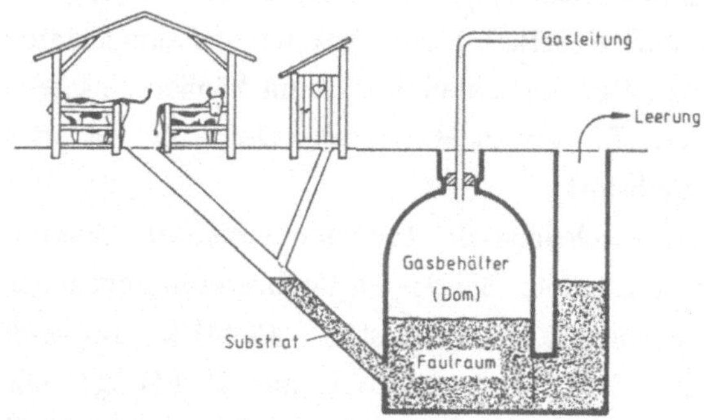

Bild 5.26 Dom-Biogasanlage

Temperatur für ihre Arbeit benötigen (20 - 40°C oder 45 - 60°C). Die Faulzeit bei 30°C ist 20 bis 30 Tage, während bei höherer Temperatur von 50°C nur 3 bis 10 Tage benötigt werden.

Die **Ausführung** von **Biogasanlagen** ist technisch recht einfach (Bild 5.26). Benötigt wird ein Faulbehälter (Fermenter), der mit kontinuierlicher Heizung über Wärmetauscherrohre versehen ist und somit eine konstante Temperatur aufweist. Um eine gute Durchmischung des Faulgutes und damit eine gleichmäßige Temperaturverteilung zu gewährleisten, wird ein Rührwerk eingesetzt.

Die **Wirtschaftlichkeit** einer Biogasproduktion wird bestimmt durch die Erzeugungskosten für den Normkubikmeter (Nm^3) Biogas. Wenn dieses in einem landwirtschaftlichen Betrieb nach Bild 5.26 erzeugt wird, lassen sich analog zu den Stromerzeugungskosten die Gasproduktionskosten berechnen zu

$$k_G = (a_n + z_b)\, k_f \,\frac{1}{V_G\, \eta_E} \tag{5.16}$$

Darin bedeuten a_n und z_b den Annuitätsfaktor bzw. den Betriebskostensatz nach Abschn. 1.2, k_f die Anlagekosten pro Großvieheinheit GVE (1 GVE entspricht 1 Rind, 5 Schweinen oder 250 Hühnern), V_G ist die Gasproduktion pro GVE und Jahr, und η_E der Wirkungsgrad der Gasproduktion unter Berücksichtigung des Eigenbedarfs (Heizung und Rührwerk).

In der Praxis ergeben sich für aus landwirtschaftlichen Abfällen erzeugtes Biogas Produktionskosten, die etwa doppelt so hoch liegen wie der Bezugspreis für Erdgas. Das Biogas wird in den meisten Fällen in Dieselgeneratoren (mit Gasmotoren) zu elektrischem Strom umgewandelt.

6 Rationelle Energieverwendung

Energie wird in Zukunft in allen Lebensbereichen **knapper** und damit **teurer** werden. Diese Voraussage läßt sich daraus ableiten, daß die Vorräte an fossilen Energieträgern bei schnell wachsender Weltbevölkerung in mehr oder weniger kurzer Zeit erschöpft sein werden, die regenerativen Energiequellen aber aus realistischer Sicht zunächst nur einen Bruchteil der Bedarfsdeckung übernehmen können. Es ist deshalb eine wichtige Ingenieuraufgabe, eine bessere Ausnutzung der vorhandenen Ressourcen zu erreichen, das bedeutet, die Energie rationeller zu verwenden. Dabei gilt der Grundsatz, daß Verbesserungen in Bereichen, die einen wesentlichen Anteil an der gesamten Energieverwendung haben, auch aufs Ganze gesehen nennenswerte Ergebnisse bringen.

Grundsätzlich sind es drei Wege, die zur besseren Energieverwertung führen:

- **Energiesparen** beim Verbrauch
- **Höhere Energienutzungsgrade** bei der Energieumwandlung von Primär- zu Sekundärenergie
- **Substitution** von erschöpfbaren Energieträgern.

Da wir in Mitteleuropa mit einem elektrischen Energieverbrauch von rund 1 kW pro Kopf der Bevölkerung weit über dem Weltdurchschnitt liegen, gilt es zunächst, unnötigen **Verbrauch** zu vermeiden und den spezifischen Nutzenergieverbrauch zu senken. Vor allem der Wärmeverbrauch zu Heizzwecken könnte drastisch reduziert werden, wenn die Wärmeisolierung der Wohnhäuser weiter verbessert würde. Auch Maßnahmen wie geringere Raumtemperaturen, kleinere Beleuchtungsstärken oder das Umsteigen auf Massenverkehrsmittel würden den Energieverbrauch merkbar senken, sind aber nur unter Komfortverzicht durchzuführen.

Dagegen wird derzeit schon an vielen Stellen die **Wärmerückgewinnung** eingesetzt, beispielsweise in Klimaanlagen und bei wärmeverbrauchenden Haushaltsgeräten. Dabei wird in Latentwärmespeichern die in den auszutauschenden Medien (Luft, Wasser) enthaltene Wärmeenergie zurückgehalten und an das zuströmende, i.a. kalte Medium wieder abgegeben.

Auch der Einsatz der **Wärmepumpe** kann - elektrisch oder mit Erdgas angetrieben - zur Senkung des Endenergieverbrauchs beitragen. Zwar muß die zugeführte

Energie, vor allem, wenn sie elektrisch ist, erst mit relativ geringem Wirkungsgrad erzeugt werden, aber die Leistungsziffer ϵ der (im Prinzip den Kühlschrankprozeß in umgekehrter Richtung anwendenden) Wärmepumpe liegt zwischen 3 und 7. Sie bedeutet das Verhältnis von erhaltenem Wärmeenergiezuwachs zur zugeführten Energie, so daß der Einsatz der Wärmepumpe energetisch sinnvoll ist.

Da die Elektrizität als sicherer, sauberer und anwendungsfreundlicher Energieträger wohl auch in Zukunft beim Endenergieverbrauch eine große, eher noch zunehmende Bedeutung haben wird, die Umwandlung anderer Energieträger in Elektrizität aber nur mit vergleichsweise kleinem Wirkungsgrad abläuft, soll nun erörtert werden, ob und wie eine Verbesserung des **Umwandlungswirkungsgrads** bei der Stromerzeugung möglich ist.

Die im Wärmeprozeß des Kraftwerks zu treffenden Maßnahmen werden heute in allen größeren Anlagen in der Regel bereits angewendet: Mehrstufige Vorwärmung des Kesselspeisewassers mit Anzapfdampf aus der Turbine, Vergrößerung der Einzelwirkungsgrade durch Verminderung der Wärmeverluste, möglichst hohe Prozeßtemperatur (Gasturbine). Eine Erhöhung von Druck und Temperatur im Dampfkraftwerk ist prinzipiell möglich, führt aber zu Schwierigkeiten bei den verwendeten Werkstoffen.

Bei großen Kraftwerken, die lediglich der Stromerzeugung dienen, geht der größte Teil der aufgewendeten Energie bei der Kondensation des Dampfes verloren (Kondensationskraftwerke nach Abschn. 4.3). Will man diese **Abwärme** nutzen, so ergibt sich das Problem der niedrigen Temperatur des Kühlwassers (maximal 30°C). Man könnte diese Temperatur mit Wärmepumpen auf ein höheres Niveau bringen, jedoch ist dies bei den anfallenden großen Wärmemengen (nahezu 2000 MW bei einem 1000 MW - Kraftwerk) sehr problematisch und noch nicht in der Praxis erprobt worden. Eine von der Auslegung her höhere Kühlwassertemperatur würde dagegen nach Abschn. 4.3.2 den Wirkungsgrad des thermischen Prozesses erheblich verschlechtern, kommt also nicht in Betracht. Als wirtschaftlich vernünftige Möglichkeit der reinen Abwärmeverwertung bleibt daher nur die Verwendung des ablaufenden Kühlwassers auf dem angebotenen niedrigen Temperaturniveau, beispielsweise zur Fischzucht, zur Bodenerwärmung landwirtschaftlicher Nutzflächen, zur großflächigen Beheizung von Gewächshäusern etc.

Wenn Bedarf an Heiz- oder Prozeßwärme vorhanden ist, führt die schon erwähnte **Kraft-Wärme-Kopplung** zur erheblich besseren Ausnutzung des eingesetzten Brennstoffs als bei reiner Stromerzeugung. Da in einer Anlage sowohl Strom (Kraft) als

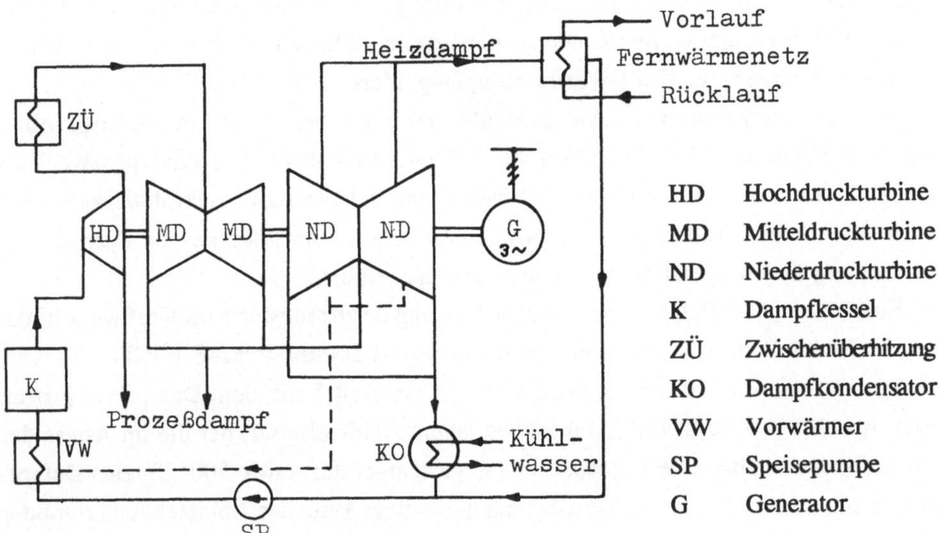

Bild 6.1 Kraft-Wärme-Kopplung

auch Wärme erzeugt wird, ändert sich zwar der Wirkungsgrad der Stromerzeugung nicht, aber die sonst bei der Kondensation des Dampfes anfallende Wärmeenergie wird - allerdings auf höherem Temperaturniveau - zur Fernheizung oder zur Prozeßdampfversorgung eines Industriebetriebs verwendet.

Dazu wird der Dampf, etwa durch Entnahme an verschiedenen Stellen der Turbine, aus dem Dampfprozeß **ausgekoppelt**. Das in Bild 6.1 gezeigte Kraftwerksschema enthält beispielhaft die explizite Darstellung der drei Turbinengehäuse (Hochdruck-, Mitteldruck-, Niederdruckteil) sowie eine Zwischenüberhitzung (ZÜ). Letztere stellt ebenfalls eine stets angewandte Maßnahme zur Wirkungsgradverbesserung dar und besteht nach Abschn. 4.3 darin, daß der im Hochdruckteil der Turbine abgearbeitete Dampf zur erneuten Überhitzung in den Kessel zurückgeleitet wird, bevor er in die Mitteldruckturbine strömt. An der Turbine selbst sind drei Dampfanzapfungen erkennbar: Dampf für die Speisewasservorwärmung, Prozeßdampf für industrielle Zwecke und - auf niedrigerem Energieniveau - Heizdampf für ein Fernwärmenetz, das über einen Wärmetauscher angeschlossen ist. Das bei der Wärmeübertragung entstehende Heizkondensat wird dem Kreislauf wieder zugeführt.

Durch diese Aufteilung des Dampfstroms sinkt die Stromausbeute zugunsten der Wärmeentnahme. Trotzdem ergibt sich wegen der zu 100 % als genutzt angesehenen

Wärmeenergie ein Gesamtausnutzungsgrad des Brennstoffeinsatzes, der statt der bei reiner Stromerzeugung im Kondensationsbetrieb üblichen 35 bis 40 % selbst in kleineren Anlagen mit Kraft-Wärme-Kopplung Werte von 70 bis 80 % erreicht.

Man bezeichnet derartige Anlagen entweder nach ihrer Bauform als **Entnahme-Kondensations-Kraftwerke** (s. Abschn. 4.3) oder nach ihrem Verwendungszweck als **Heizkraftwerke**. Diese Bauweise ist weit verbreitet bei Industriekraftwerken, aber auch öffentliche Kraftwerke in Großstädten werden zum Zwecke der Fernwärmeversorgung überwiegend als Heizkraftwerke ausgeführt.

Eine andere Möglichkeit zur besseren Nutzung des Brennstoffs im Kraftwerk bildet der in Bild 6.2 dargestellte kombinierte **Gas-und-Dampf-Prozeß** (GUD). Er verbindet den offenen Gasturbinenprozeß nach Abschn. 4.5 mit dem Dampfkraftprozeß nach Abschn. 4.3. Das Verbindungsglied ist ein Abhitzekessel, der die im Abgas der Gasturbine enthaltene Wärmeenergie (Abgastemperatur etwa 500°C) zur Dampferzeugung verwendet. Je nach Auslegung der Anlage kann der Abhitzekessel mit oder ohne Zusatzfeuerung betrieben werden. Im ersten Fall wird der im Abgas enthaltene Luftanteil als Verbrennungsluft für den Kessel benutzt, man erzielt damit - da im Kessel die übliche Verbrennung stattfindet - gute Dampfzustände. Bei der direkten Verwendung des Abgases zur Dampferzeugung ohne zusätzlichen Brennstoffeinsatz sind die erreichbaren Leistungen kleiner und die Dampfzustände geringfügig

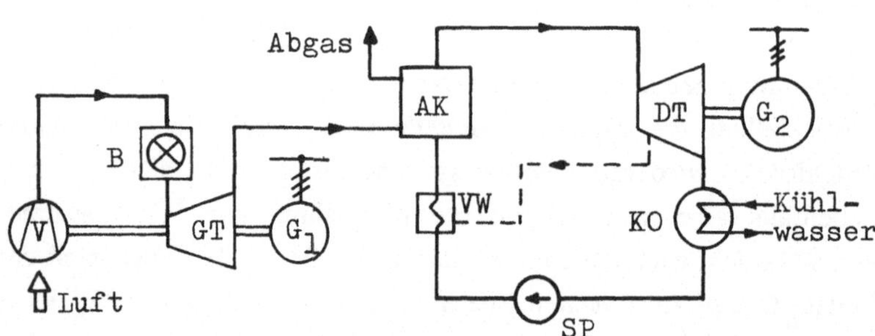

V	Verdichter	AK	Abhitzekessel	SP	Speisewasserpumpe
B	Brennkammer	DT	Dampfturbine	VW	Vorwärmer
GT	Gasturbine	KO	Kondensator	$G_{1,2}$	Generatoren

Bild 6.2 Gas-Dampf-Anlage mit Abhitzekessel (GUD-Kraftwerk)

schlechter. Bei größeren GUD-Anlagen mit Zusatzfeuerung werden Wirkungsgrade von über 50 % (Bestpunkt) verzeichnet.

Da die Gasturbine nur mit staubfreien Brennstoffen wie Erdgas oder Heizöl betrieben werden kann, nicht jedoch mit Kohle, ist in jüngster Zeit auch die Kopplung des GUD-Prozess mit der Kohlevergasung verwirklicht worden. Dadurch ist dieses energetisch so günstige Verfahren auch für die Verfeuerung von Kohle verwendbar. Allerdings ist der Wirkungsgrad wegen der Gaserzeugung und -reinigung etwas geringer, beträgt aber immer noch beachtliche 45 %.

Trotz dieser bemerkenswerten Erfolge bei der Wirkungs- und Nutzungsgradverbesserung ist eine drastische Senkung des fossilen Primärenergieverbrauchs auf längere Sicht nur mit Hilfe der **Substitution** dieser Energieträger durch regenerative Energiequellen zu erzielen, wobei kein Stoffverbrauch mehr stattfindet. Und hierbei ist wohl die Solarenergie mit ihren vielfältigen Nutzungsmöglichkeiten die aussichtsreichste und auch sinnvollste Energiequelle (s. Abschn. 5.2).

Der zukünftige Ingenieur ist aufgerufen, diesen neuen Weg in der menschlichen Energienutzung tatkräftig und zielstrebig zu beschreiten.

Anhang

Weiterführende Literatur

[1] Fischer, R.: Elektrische Maschinen. München 1989

[2] Bonfert, K.: Betriebsverhalten der Synchronmaschine. Berlin 1962

[3] Moeller, F. / Vaske, P.: Elektrische Maschinen und Umformer. Stuttgart 1976

[4] Brinkmann, K.: Einführung in die elektrische Energiewirtschaft. Braunschweig 1980

[5] Strauß, K.: Kraftwerkstechnik. Berlin 1992

[6] Mosonyi, E.: Wasserkraftwerke. Düsseldorf 1966

[7] Laufen, R.: Kraftwerke. Berlin 1984

[8] Schaefer, H: Elektrische Kraftwerkstechnik. Berlin 1979

[9] Happold, H. / Oeding, D.: Elektrische Kraftwerke und Netze. Berlin 1978

[10] Schroeder, K.: Große Dampfkraftwerke. Berlin 1968

[11] Becker, E.: Technische Thermodynamik. Stuttgart 1985

[12] Flosdorff, R. / Hilgarth, G.: Elektrische Energieverteilung. Stuttgart 1986

[13] Heuck, K. / Dettmann, K.-D.: Elektrische Energieversorgung. Braunschweig 1991

[14] Albert, K. et al.: Elektrischer Eigenbedarf. Berlin 1993

[15] Bischoff, G. / Gocht, W.: Energietaschenbuch. Braunschweig 1984

[16] Michaelis, H.: Handbuch der Kernenergie. München 1982

[17] Kremers, W. et al.: Neue Wege der Energieversorgung. Braunschweig 1982

[18] Kleemann, M. / Meliß, M.: Regenerative Energiequellen. Berlin 1988

[19] Rummich, E.: Nichtkonventionelle Energienutzung. Wien 1978

[20] Stoy, B.: Wunschenergie Sonne. Heidelberg 1978

[21] Gasch, R. (Hrsg): Windkraftanlagen. Stuttgart 1993

[22] Molly, J.-P. : Windenergie in Theorie und Praxis. Karlsruhe 1990

[23] Hau, E.: Windkraftanlagen. Berlin 1988

[24] Maurer, M. / Winkler, J.-P.: Biogas. Karlsruhe 1982

Verwendete Formelzeichen

Es werden grundsätzlich die allgemein üblichen Formelzeichen verwendet. Auf Grund der behandelten verschiedenartigen Fachgebiete werden jedoch einige Zeichen mehrfach benutzt. Unterscheidungen für die jeweiligen Anwendungen sind im Text, wo sinnvoll und nötig, durch geeignete Indizes vorgenommen. Komplexe Größen sind unterstrichen.

A Fläche
α Ausnutzungsgrad, Absorptionsfaktor
B Brennstoffmenge
b bezogene Brennstoffmenge
C Ausnutzungsziffer, optische Konzentration
γ Aufnahmefaktor
D Durchmesser
ϵ Leistungsziffer
η Wirkungsgrad
f Frequenz, Flächenbedeckungsfaktor
g Fallbeschleunigung, Gleichzeitigkeitsfaktor
H Höhe, Heizwert
I Strom
K Kostenbetrag
k bezogene Kosten
l Länge
λ Schnellaufzahl, Wellenlänge
M Drehmoment
m Belastungsfaktor, Masse
n Drehzahl
P Wirkleistung, spezifische Strahlungsleistung
p Druck, Polpaarzahl, Proportionalgrad, Kostensatz
Q Wärmemenge, Wärmeverluste, Wassermengenstrom, Blindleistung
q bezogene Wärmeverluste, bezogener Wärmeverbrauch
R Radius
ϱ Dichte, Reflexionsfaktor
S Scheinleistung, Entropie
T Zeitdauer, abs. Temperatur
t Zeit, Temperatur
τ Transmissionskoeffizient
ϑ Polradwinkel
U Spannung
V Volumen
v Geschwindigkeit
W Energie, Arbeit
X Reaktanz, Blindwiderstand
x bezogene Reaktanz

Sachverzeichnis